U0162989

石库门里的时空。油画：侯双双

道达里

上海石库门时空百年

沈璐　著

上海文化出版社

道达里 14 号前门。摄影：许一帆，摄于 2022 年 8 月

道达里弄堂口和过街楼。摄影：沈璐，摄于 2022 年 8 月

道达里的过街楼。摄影：许一帆，摄于 2022 年 8 月

这里，

是一幢普通的石库门房子。

透过曾经的生活场景，

我们可以看到千万个普通人汇成的大历史。

这里，

一段离我们最近的历史，近到可能还称不上某某史，

一场我们亲历的巨变，超越了过往的任何一次变革，

一瞬即将远离的世纪光辉，我们都已卷入一张叫做"未来"的网。

这里，

记录已经以及即将逝去的石库门，

破旧的老房子里历历有人，

使螺蛳壳里的普通人昭传。

这里，

是道达里。

| 上海石库门时空百年 |

上海的故事有多种讲法：历史的、空间的、社会的等，每一种都独立成系统。历史学的上海（学），大家最多，成就最大，但大家多不在上海，甚至不在中国，这就是上海的历史学被誉为国际显学的缘由。空间学的上海（学），大家不少，多在中国，上海更是一大重镇，但向来的功夫都做在空间的物理面上，很少在空间的社会面上，空间学的一面之词就缺少人性的温度。社会学的上海（学），是有走出如费孝通、雷洁琼、孙本文等大师传统的，但社会学家的眼睛，总是盯着当代城市和当代人生活，说历史不会很长，谈空间也只是场景，社会学对空间尤其缺乏敏感。最好的上海故事，是历史、空间和社会三位一体，是上海人在特定空间里的前世今生。这样的文本，若做的是石库门里弄主题，无论最后是否真正出彩，确实是容易讨巧的。

让我说说理由。首先石库门里弄就是最具上海地气的生活空间。上海学者曾经争论究竟何为上海建筑之地标：石库门？还是工人新村？这场 20 年前的争辩已经尘埃落定，20 世纪 50 年代因临近工业区拔地而起的工人新村，多数已在城市更新中拆除，被商品房小区所替代。只有曹杨一村，因享有新中国第一个工人新村的荣誉，作为历史建筑被保留下来，从曾经的模范社区变为纪念地进入历史。而身世更老的石库门，虽然也在过去 30 年的旧城改造中被拆除无数，但石库门的商业化改造，却创造出上海有史以来最好看的石库门。好看不仅因为彻底清除日常生活的拥挤和破烂，还因为它为老旧的形式注入时尚内容。石库门从来未曾代表过上海的繁荣，那是由花园洋房、高级公寓、外滩的万国建筑所代表的。但通过诸如新天地重建上海繁荣的想象，这是石库门传奇的新叙事。它自然是一个有点可疑的叙事。任雪飞说石库门贯穿20世纪作为中低阶层租户住宅的历史被小心翼翼地抹去。但这一个"想象"的石库门叙事确实唤起这座城市的居民对石库门的怀念和新评价：原来我们急于逃离的石库门居然这样地好看！而且动人！动人是因为石库门勾起了我们曾经成长的记忆，我们同石库门原本有着那最琐碎，也最撩人的生命关系。石库门的集体记忆是从新天地开始的。最重要的是，新天地以保护之名获得的商业成功，引发关注旧街区保护性更新的社会风潮。一系列城市保护条例也在此时密集推出，并且保护的对象从原来的单体建筑到成片的历史风貌区。当人们一再批评新天地不是真保护时，真保护的社会诉求也日益强烈和流行。今天无论是保持原貌整体的创意产业化的更新，如田子坊；还是落架重建的绅士化改造，如建业里，上海空间的新传奇，做的文章主要还是石库门里弄。

其次，石库门里弄也曾是上海最聚人气的社会世界。粗略地说，四个上海人中曾有三个住在石库门房子里，说"螺蛳壳里做道场"，这说的是螺蛳壳里的上海人练就了浑身的机灵。还是精明的上海人在螺蛳壳里也弄出了"大世界"的动静？易中天说石库门里弄没有阶级，并非真的没有穷人富人之别，而是如朱大可所说，在其高度杂居的后期，狭小的石库门不分阶级地容纳了三教九流、各色人等："囊括了从破落资本家、掮客、小业主、手工业者、小布尔乔亚、旧知识份子、大学生、乡村难民、城市流氓、舞女或妓女等各种驳杂的社会细菌"。要懂上海人，大概最要读懂石库门里的上海人，木心甚至说，"住过亭子间的人，才不愧是科班出身的上海人。"上海故事的社会面，原本就是紧紧勾连空间面的。

最后，石库门里人的故事，最能讲出沧桑感。从出现石库门民居的19世纪70年代，到中心城区石库门街区架构基本不变的20世纪90年代，超过一个多世纪的漫长且最后40年鲜有产权交易的居住历史，只要一写石库门民族志，就很容易写出一家一族几代人的悲欢离合；而且，因为足够长的历史跨度，一家一族的命运必定是国运的反映和结果。如此来看，有内容的石库门人家故事，有意无意都在讲述大时代的历史和大上海的历史。

讲石库门里弄普通人生活的上海故事，可有学术的讲法和文学的讲法。卢汉超的《霓虹灯外：20世纪初日常生活中的上海》是学术上海故事中的精品，书的标题已经点出代表日常生活上海的不在南京路，不在外滩，而在霓虹灯照不到的里弄。而王安忆的《长恨歌》、金宇澄的《繁花》等则是文学上海故事的佳作。

道达里是上海北京西路上一处普通的石库门里弄，沈璐的《道达里——上海石库门时空百年》用近乎白描的笔法叙述了道达里14号四代人的生活。全书三章，标题分别是空间之"道"、生活"达"人和家长"里"短。用一个里弄的名字表达上海故事之空间学、社会学和历史学三维度，这虽然只是我个人的诠释，却合于写出一个好的上海故事的常道。沈璐20世纪80年代出生在道达里，在这里住了几十年，但她的故事是从道达里刚刚建成交付新房迎来第一批租户，即曾祖父用四根金条租下14号三楼房间的20世纪30年代说起，直到道达里被征收进入最后拆除的2020年，算起来沈家人在这里居住足有九十年。沈璐说她在为老上海四代人的生活绘制群像，"从大历史和小家庭的角度，绘就一部普通人的百年上海史"，这已是一个专业史学家的抱负。

在沈璐绘制的平面图上这幢三层的标准石库门住宅，有11个居住单元，绘在图上先后住过的人家数超过单元数。沈璐专为邻居作传的有五家，提及的有三四家，他们中以医生居多，被沈璐视为14号的人口主流，还有警察、工人、小职员、家庭妇女等。沈璐用了"七十二家房客"

来说14号的人员结构，这是有过石库门居住经验的上海人都知道的小社会。原来的灶披间也被分隔，一半改作居住，前后曾有三代租客，第三代租客居然将它改作棋牌室。沈璐对这间不足10平方米的"非改居"（非居住改为居住）的社会空间史做了这样的描述："从本分的警务人员之家到三教九流、藏垢纳污的所在，真真再没有什么比这个更戏剧化、更上海的生活剧目了。"这是十分地道的社会学句子。沈璐本人是卓然有树的规划师，空间学是她的专长，讲起里弄和石库门的空间结构、材料品质、建筑风格和工艺特色，从容不迫。上海学的空间学，在沈璐笔下游刃有余。

沈璐的上海写作是学术路还是文学路？不少段落，她的书写的确像个小说家。她写了电车上乘客的神情，"在电车上，人们从繁忙的生活中得以喘息，把'日常'的面具摘下来，发呆、出神、幻想，等到下车，他们又慌忙奔向生活、工作、学习，忙不迭地带上自以为得意的面具，是庸常的生活，还是思想的束缚，压抑了冒险的欲望。"我们可以相信少年的沈璐能在电车上看到大人们的发呆和出神，但他们下车慌忙带上假面具奔向社会，是当时就想象到的，还是后来跟大人们一样生活而体会到的？这分明是文学化的叙述。另一个情节更有意思，无产阶级的杨家姆妈要学西化的宋家姆妈喝咖啡，先是有样学样牛奶冲咖啡，"后来市面上有了速溶咖啡，马上转投三合一的怀抱，宋家姆妈看在眼里，倒也没有说什么，眼神有点出卖了小心思，'咖啡又伐是麦乳精，调一调算啥啦'。"宋家姆妈的事，沈璐全是听说，自然不会当场看到她的眼神，而从眼神还能猜出她的小心思，且活灵活现写出了上海女人的腔调，作此猜想的人无论是谁，我们都只能归结为沈璐的文学想象力了。

本书当然不是小说，书中的上海人并非虚构。我也无意将它与《繁花》做对比。这还是训练有素的专业人士的写作，书中的学术议论随处而发。一段讲用不同颜色耐火砖砌就的弄堂立面的配色方案和光影效果的文字，读来赏心悦目：用来打底的是偏中性的黄色砖，横向上每隔两行、纵向上每隔一行会嵌入一块偏暗红色的砖，打破底色的沉闷。砖与砖之间产生的阴影是比暗红砖色明度更小一些的红黄色。这样细微的变化给立面带来变化，却又不招摇，是非常雅致的配色方式。整条弄堂维持了温暖米黄的色彩基调，又因为"石箍"形成的黑漆大门形成有秩序的韵律感。沈璐让我多少明白了弄堂空间那种富有温暖感氛围的色彩学理由。她还用相当的篇幅讨论石库门的起源，从平面布局、空间结构、屋顶绞接方式诸方面，推测石库门源于上海乡土建筑绞圈房，她用"中国血统、上海基因、海派气质"三个定语，判断石库门房子是真真切切的"中国造"。我无法判断沈璐的观点能获得学界多少认同度，我愿意相信这更像是认真的一家之言。无论如何，沈璐的文学天分，没有妨碍她的专业判断。

但我们不必为了本书是文学范还是学术范的争辩，而迷失了重点。重点是"再见了，道达里。"道达里回不去了，沈璐是在跟自己的出生地告别！跟虽不时有龃龉但回忆起来竟有些可爱和甜蜜的邻居告别？这骨子里是一折"感时花溅泪，恨别鸟惊心"的怀旧曲。那已经消失的种种景物和声响，就如昨天发生那样新鲜和生动。我也是沈璐书里的真实人物，我亲历了沈璐告诉我们的许多故事，或至少是一个有着实际关切的见证人。我自己成长于上海的弄堂世界，曾在《城市社会学文选》后记里讲述过自己与这个城市的感性关系，"对中心城区景观的生动印象都是在幼时和少年时代形成的，熟悉她的肌理、节奏和韵味。以后路过早先住过的旧式里弄街区，常常有莫名的感动。始知自己对都市的兴趣源于少年的经历。我也喜欢放任这份主观性，城市是因了我们的经历变得可亲可近更常常撩拨人的"。我仍然要放任自己的这份对上海的主观性，因为沈璐向我们投射最多的还是这种主观性。

沈璐的怀旧最撩拨我的是那些我曾经最熟悉的生活的记录，居然真的消失了，更可能永远地不复返了。譬如生煤球炉的生活，一个"生"字，只有上海人才懂它的含义和窍门。沈璐不厌其详，叙述了生炉子的全部过程，读者会有兴趣来读这段活泼的生炉记。我的解读很简单，"生"就是把一个死物变成活物，在上海人眼里，把一个冷炉子生成一个能烧饭的火炉子，就意味着生气和生活。今天我们不再为每天早上生炉子手忙脚乱，烟熏火燎，我们有理由进入 gas（煤气）时代。"不用生炉子的日子，便没有了袅袅炊烟的弄堂，却也少了许多的烟火气"，沈璐茫然所失的，不也是我们惆怅的？

没有什么比弄堂更让上海人"多愁善感"，这是一种"剪不断，理还乱"的复杂的情结。沈璐书里不少弄堂的全景图片，窄窄的通道、密密的民居，今天看这些画面确有某种特殊的审美感，虽然我们知道其背后的数据远非美丽。如在 20 世纪 80 年代末，人均居住面积 4 平方米以下的居民占全市人口的 60%，大约四分之一的居民拿公共过道当厨房，一半以上居民用马桶，40% 居民烧煤球炉。而对包括我在内的许多上海人来说，这些岂止是客观数据，更是日常的营生和遭遇！今天没有人还愿意回到每日生炉子倒便盆的生活，但我们依然觉得弄堂画面给了我们某种温软的回忆。沈璐深知我们的弄堂情结，她的"弄堂口"篇也写得最为热闹和亲切，这里有各式修理摊子，如修鞋的、修车的，和从早到晚都不会消停的公用电话间。随着沈璐绘声绘色的笔触，我们也许会想念传呼电话叫喊声，那是弄堂声音的一部分，多少期待、多少倾诉、多少嘱咐、多少焦急、多少……来自这弄堂的公用电话；有时电话忙，叫不过来，那边等不及挂掉了，又有多少懊恼……电话内容是私人的，但电话事件却是弄堂的、邻里的。还有修鞋的"爷叔"，沈璐猛夸皮鞋匠的技术出奇的好，虽然收费极其低廉，但修出来的鞋子却比新买的还要好，完全看不出修的痕迹。沈璐没谈到的修理摊还有很多，如修棕绷床、修笔、修伞、修锅子的。今天我们已经用席梦思代替了棕绷，也就不再修理棕绷了，就像今天我们也不再修笔了，我们或一打打买笔，或几乎不再用笔了（电脑和打印机代替了笔），我们已经付不起修笔的时间成本。同样地，我们也不再去修伞，不再修钢精锅子，不知不觉中，我们失去了对小修小补的需要，于是，弄堂口的修理师傅们也慢慢消失了。今天，对着修理师傅的照片，无论他们以怎样的姿态对着我们，我们看到的都是渐行渐远的背影。我知道，我和我的邻居们，真的不再需要他们的服务了，但仍会暗暗地期待，"蓦然回首"他在弄堂口。可是弄堂又在哪里？我们还在期待什么？沈璐说，电话间阿姨、修车师傅、皮鞋匠爷叔，"有你们的弄堂口，才有了到家的安全感"。

讲到弄堂，还有老虎灶，虽然沈璐未曾提及，它总是带给我们热气腾腾的记忆，一分钱泡上一热水瓶，两分钱是一铜吊（即烧水的大水壶），冬天家家需要的热水更多，去老虎灶也更频繁，人一多，就会发展出互动，就会超出原有的功能，老虎灶也成为一个社交的地方，喝茶，聊天，泡脚等。随着家家户户用上了煤气，老虎灶也存在不下去了，今天我们惆怅的不是热水的消失，而是一个洋溢着热气的社会空间的消失。

道达里14号人家的灶间是沈璐落笔不少的所在，上面提到一楼灶间被隔一半做了居室，而反向的挪用，即占用楼梯转角改成厨房的则更为常见。沈璐将这形容为自我完成的"成套化"改造，这当然是一种化公为私，这里只有私人经验，而无多少互动情节。上海人的灶间，确切说石库门一楼的正宗灶间，才是故事最多的空间。在这里可以为几公分的领地大打空间之战，也常常你我不分，几乎家家吃过邻居的馄饨，也给邻居送过馄饨。这里有家长里短，是小道、是非的发源地，也是邻里公关的所在。上海人家，无论贫穷富裕，大多能烧得可口的家常饭菜，多少愉快和家庭之乐，就来自这小小的灶间。上海人曾经最向往一个独立的灶间，今天多半家庭实现了这个梦想，也没有多少人还叫它灶间而改称厨房了，但我们仍然会想起这个让我们既憋屈又热闹的灶间，这个今天被社会学家美其名为"公共空间"的灶间。是的，种种不便被时间之流冲淡了，灶间里发生的社会交往成为最不易褪去的回忆留存下来。

在书的卷首，沈璐给自己一项使命：为已经以及即将逝去的石库门立碑。这有几分悲壮！更有一腔深情！10年前，我写下自己对石库门里弄的感受，重录在此，来呼应沈璐对道达里的告别：

房子该拆的、该改的还是要拆要改，我们真正心疼的或珍惜的是什么？什么破坏是我们最不忍的损失？是与石库门在一起的悲欢离合、心理感受、生命见证；是由石库门的格局、尺度而铺展开的人与人的恩怨接触和人情往来，今天让我们失落的是这样烦人的恩怨接触也不可得了；是石库门这种熟人世界教化人性和发展人格的社会化力量和机制，今天的住宅获得了物理的舒适性和方便，却实实在在地损失了人文性和社会性，这是我们从石库门的破坏中真正痛惜的。今天我们重建我们的社区，不能只是砖块的世界，也要将石库门曾经有的那种邻里构造、社会联系、人性温软，通过新的空间构造重建出来。如此我们推倒了必须推倒的石库门，不妨碍我们仍然多少承继着石库门的一丝文脉和气息。这是城市更新最要创造和维护的人文社会空间。

于 海

复旦大学社会发展与公共政策学院教授、博士生导师

2022 年 5 月

道达里所在街坊鸟瞰。摄影：席子，摄于 2020 年 8 月

·一层开店、二至三层住人，是石库门里弄沿街面最普遍的空间使用方式

·圆弧形的立面转角，与街道转弯半径平行，最大限度利用空间

·沿街商铺（街面房）的开间一般在 4~7 米

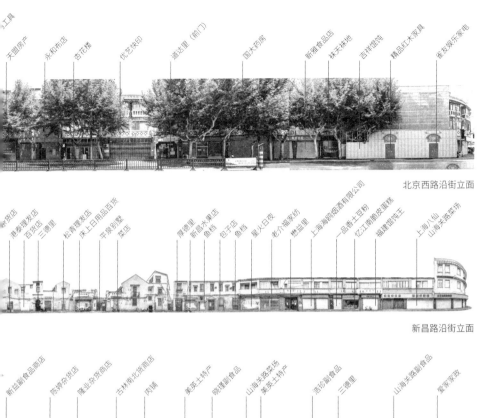

天盟房产 永和布店 杏花楼 优艺快印 道达里（前门） 国大药房 新潮食品店 林天昧地 吉祥混饨 精品红木家具 雀友娱乐家电

工具

北京西路沿街立面

货店 港泰理发店 百货店 三德里 松青理发店 床上日用品百货 平泉别墅 菜店 厚德里 新昌水果店 鱼档 包子店 鱼档 星火日夜 老介福家坊 穗益里 上海跑跑烟酒有限公司 一品香士豆粉 忆江南脆皮蛋糕 福建馄饨王 上海八仙 山海关路菜坊

新昌路沿街立面

新益副食品商店 陈辉杂货店 隆业杂货商店 吉林南北货商店 肉铺 美英土特产 院瑾副食品 山海关路菜场 美英土特产 浩珍副食品 三德里 山海关路副食品 爱家家政

山海关路沿街立面

小卖部 新大洲电动车 益龙通讯 上海第二机床电器厂 上海骄祥实业 黄浦区长青烟杂店 哈哈镜 裕洪里 功德林 韵达快递 浦行别墅 大路超市 东兴车行 三阳南货

成都北路沿街立面

道达里所在街坊的四个沿街立面。摄影：许一帆，摄于 2022 年 8 月

目录

| 第 3 章 |　家长 **里** 短

附 录

　　20 世纪 20 年代后期，一位祖籍高桥镇的赵姓世家子弟，摆脱了传统大家族的职业束缚，按照自由意志进入德文医学堂[1]学习西医。1933 年的夏天，赵医生学校毕业，从高桥乡下接了妻妾，租下位于爱文义路上的道达里 14 号（今北京西路 318 弄 14 号），开设了中西医结合诊所。之所以选在这里，是因为当时的道达里几乎是新房交付、建筑样式时髦、小户型、易出租，向北走 400 米就到了苏州河边，向南步行 500 米便到了大马路（今南京东路）和跑马厅（今人民广场），生活和出行都十分方便。

　　住进来以后，赵医生把中厢房租给了从香港来上海办学的好朋友。1948 年年底，校长朋友回了香港，却把女眷留在了这里。赵医生妻子的湖州亲眷来到上海，无处落脚时，赵医生腾出了亭子间给他们一家子居住，这一住就是一辈子。三楼租给了从尊德里（详见《尊德里》）搬来的一对年轻夫妇，因为"出身问题"，男主人的亲眷大都去了香港或者美国定居，这个蜗居的小家庭，成为联系海外游子与宗族之间的纽带。

　　说回赵医生家。赵医生的儿子出生在道达里，因为国家政策去过新疆支援，在边疆遇到了宁波籍的上海姑娘。说起来巧了，宁波姑娘家里住在离道达里不远的苏州河边。回上海后，他们喜结连理，

✳　　1.Deutsche Medizinschule für Chinesen in Shanghai，今同济大学。

生了一儿一女。女儿在改革开放初期，搬去香港定居，偶尔回上海探亲，或者料理家族事宜。

这些来自五湖四海的人们，道达里是他们相遇的地方、结缘的地方。这份纽带在 2020 年的夏天戛然而止，道达里也成为这四代人最终离开的地方。在距离我们最近的这一个世纪里，相信上海的每一条弄堂都经历了类似的相聚与离别。20 世纪 30 年代至 21 世纪 20 年代，这是一个怎样的时代，在这之前和之后，在一条弄堂、一栋石库门里，发生这样大尺度的人口交融和往来，都是极不可能的。

1909

《上海城厢租界南北市略图》
这是目前能找到的道达里及周边区域最早的地图，为上海商务印书馆于宣统元年（1909）出版的《上海指南》所附的地图。图上爱文义路、蔓盘路、成都路等地名已清晰可见。

审图号：沪 S (2023092)

《实测上海城厢租界图》

爱文义路和蔓盘路交叉叉口上的"道达里"赫然在列。根据《申报》记载，最早关于道达里的信息，是 1908 年。

1910

1913

1913 年《上海地图》

图上展现了当时城市建设的发展情况，跑马场与苏州河之间的区域，道路系统已经成熟，与现在几乎无异。道达里先于同地块中的其他建筑建成。

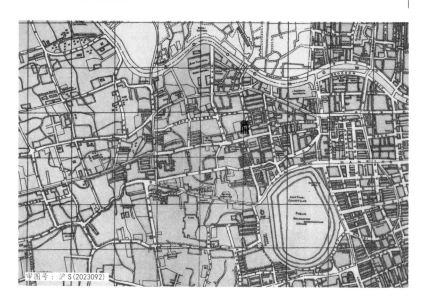

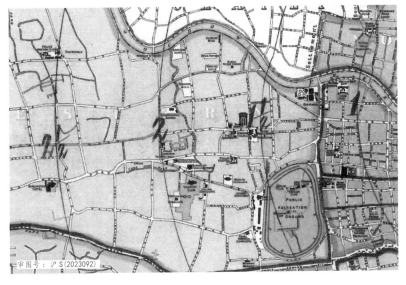

审图号：沪 S（2023092）

1918 年《上海地图》
图上最明显的"1½"字样是指距离黄浦江 - 苏州河交汇处 1½英里，即 2.4 公里。道达里的地段非常好。

1918

1928

《上海市街地图》
这张地图的测绘非常精确，主要表现了当时的道路、河流、地块平面，以及公共服务设施，比如道达里对面的消防站。

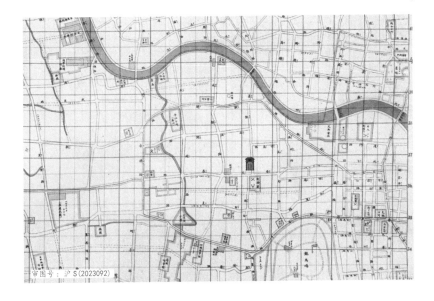

审图号：沪 S（2023092）

审图号：沪 S(2023092)

《上海明细地图》

城建档案显示，道达里建于1932年，于次年建成。这片区域原属"新成区"（1945-1960年），1960年撤销。其中，成都北路以东划归黄浦区，以西划归静安区。道达里北侧是一条市政道路——太平街，1949后变成主弄，取消其市政道路功能。

1932

1947

1947年《上海市行号路图录》
图中道达里及周边地区的石库门里弄。

1948 年天地图
此时，道达里周边的基本城市格局和肌理已经形成。

1948

1979

1979 年天地图
与 1948 年相比，道达里周边的城市格局和肌理基本没有变化。人民广场及周边地区正在进行改造。

2000 年卫星影像

成都路高架（南北高架）已建成，在老成都路的基础上向西拓宽，因此，道
达里所在的街坊并没有受到影响。

2000

2004

2004 年卫星影像

随着上海第一批商品房的建设，苏州河南侧、道达里北侧的部分里弄被拆除，
"金色家园""华盛大公馆"等高层居住小区陆续建设。

2010 年卫星影像
图中显示了成都路高架（南北高架）西侧上海自然博物馆、静安雕塑公园、500 千伏地下变电站和轨道交通13号线的建设情况。道达里北侧的高层住宅小区"上海滩•新昌城"也已建成。

2010

2022

2022 年卫星影像
道达里及其周边的老房子成为城市"孤岛"，高楼投射的阴影区越来越大。与道达里位于同一个街坊、紧邻成都路高架的"义成坊"是整个街坊完成征迁后，第一组被拆的建筑。

道达里所在街坊鸟瞰（局部）。摄影：许明，摄于 2020 年 8 月

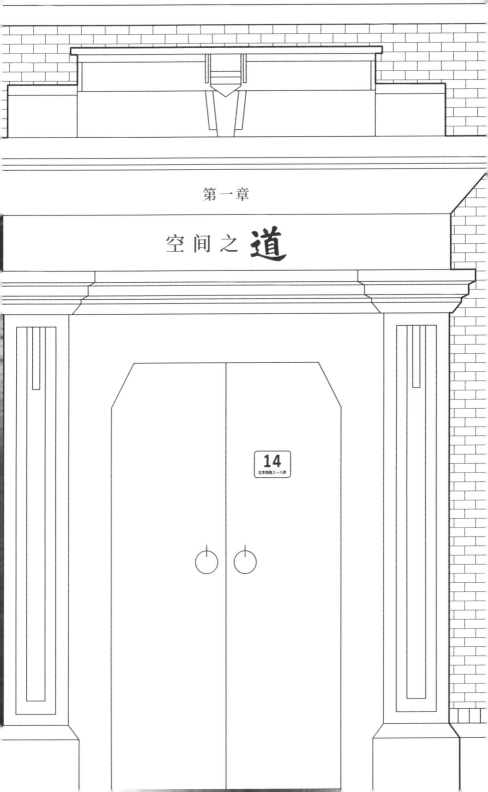

第一章

空间之道

　　一次整理资料,意外翻到一张道达里及周边地区老地图的片段,没有图例、标注和年份,读起来有如柯南破案一般,时而陷入迷思、时而兴奋不已。地图上既标注了当时新改的路名,也保留了原先的,具有过渡时期特征。

　　首先,这张地图绘制时间不会早于 1945 年。图中的北京西路,原先叫"爱文义路",爱文义是 Avenue(林荫大街)的音译。爱文义路的东端,即派克路(今黄河路)以东段修筑于 1887 年,原名平桥路,是上海公共租界工部局越界筑路中的一条路。1899 年平桥路向西延伸至赫德路(今常德路),并命名为爱文义路。1918 年,平桥路亦更名为爱文义路。1943 年汪伪政权接收租界时,爱文义路改为"大同路",取意"天下大同"。1945 年抗战胜利后,当时的上海市政府将其更名为"北京西路",沿用至今。

　　与北京西路交汇的新昌路,原名梅白格路(Myburgh Road),也叫梅白克路,北京西路以北原叫蔓盘路,后来便统称梅白格路,亦为越界填浜筑路。租界收回以后用浙江省的新昌命名。1910 年 7 月,上海公共租界工部局在梅白克路爱文义路的路口建造了"新闸救火会",由"维多利亚"蒸汽救火队进驻。时移世易,现在这个路口依然是消防队,附近的居民亲切地叫它"红房子救火会"。

　　消防站出入口位于新闸路一侧,退界比相邻建筑多两米,设消防车出入口。平日里的下午,太阳散去后、夕阳落下前,消防员会

《上海市行号路图录》中的道达里14号（红色框内）。

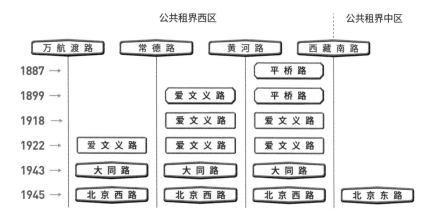

北京西路的变迁，图中路名的外框分别描摹了当时路牌的样式。绘图：乔艺

利用这个退界空间进行体能训练或者整理消防水管，下课的孩子们常常驻足围观，神情比上课还认真。

其次，地图的绘制时间大概率不会晚于 1958 年。1958 年 2 月召开的第一届全国人民代表大会第五次会议上，正式通过了《汉语拼音方案》，新昌应为 Xinchang，而地图上则采用威妥玛拼音，如新昌表音仍为 Sinchang。

再次，地图上的文字，采用从右向左写法，虽然新文化运动后，即提倡从左到右、化繁为简，但直至 1954 年，从中小学课本开始才正式改成由左至右。另外，地图中的繁体字和简化字混用，比如"医"字，要到 1956 年由国务院公布的《汉字简化方案》中的《简化字总表》才从"醫"简化成"医"。可见人类文化的强大惯性。

因此，可以初步判断，这张地图的绘制时间介于 1945 至 1954 年之间。循着各个线索，找到 1947 年福利营业股份有限公司出版

位于北京西路新闸路东南交叉的"红房子救火会"，从 20 世纪 30 年代建成后基本没有变化，如今外墙的色彩是世博期间沿街面的统一涂刷。摄影：许一帆，摄于 2022 年 8 月

的《上海市行号路图录》，包含上海街巷地图 112 幅及上海交通图、总图等数幅。

尽管老地图的清晰度有限，但在道达里 14 号的格子里面，赵式谷医生与合伙人卢志高医生的名字标注得非常清楚，记录下他们共同开业的这段时光。老地图留下的蛛丝马迹，引发了好奇心，赵式谷是谁？他在道达里有过怎样的故事？他有没有家人，现在还有没有后人在世？这一刻，地图不仅仅是一份冰冷的档案，它是一把通往过去的钥匙，帮助今天的人穿越时光，把过往的一幕幕生活展现出来。90 年前的"新上海人"是如何在道达里落户下来，在狭小的空间里过着怎么样的生活，他们的生活如何点亮这幢逼仄的三层石库门房子。

20 世纪 40 年代，正逢上海开埠百年，此时上海主要建成区已经扩展到"大连湾路（现大连路）－上海站（新客站）－苏州河－沪杭甬铁路（现内环高架）－斜土路"范围。受限于旧时测绘和印刷能力，《上海市行号路图录》尺寸为 210mm × 285mm，以中正东路、中正中路和中正西路（分别为今天的延安东路、延安中路和延安西路）为界，分为上、下两册。城市核心区被分成 225 张分幅地图。其中，上册包含 112 幅，下册 113 幅。

上册中的第 20 图为道达里所在的区域。老地图上"大同酒家"粤菜馆的广告非常醒目，仍是旧有从右向左的书写方式，门牌号和电话号码都还是用中文数字书写。细细想来，广告上，"电话叫菜"放在今天可不就是"美团外卖"；"随接随送"可是比现在的滴滴代驾更加贴心和有腔调的服务呢。在精准服务方面老上海的生活讲究和商业精神可见一斑。

广告中的"林森中路"即今天的淮海中路。淮海路很长，由好多条马路连通而来，它始筑于 1900 年，淮海东路初名宁波路；淮海西路初名乔敦路；淮海中路东段初名西江路；西段曾名法华路、宝昌路，至 1915 年 6 月更名霞飞路（Joffre Road），并在 1922 年 3 月法国将军霞飞来沪访问时举行揭碑仪式。"汪伪"时期曾改霞飞路为泰山路。1945 年 8 月抗战的胜利，带有强烈法租界印记的霞飞路更名为林森路，以纪念 1943 年在重庆因车祸去世的中华民

《上海市行号路图录》的地图范围和分幅地图编码（笔者拼合），
大约展现了 20 世纪 40 年代主要建成区的规模。

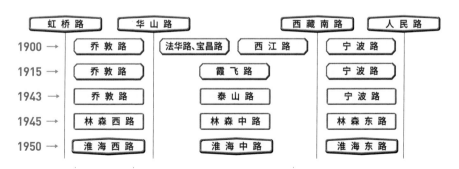

淮海路的变迁，图中路名的外框分别描摹了当时路牌的样式。绘图：乔艺

国元老林森[1]。1950 年，上海市人民政府张贴公告，更名林森路为淮海路，以纪念淮海战役。

在 20 世纪 40 年代地图中，大同酒家所在的林森中路 725 号，现在即便是淮海中路也已经没有这个门牌号了，大约位于今天的淮海中路与思南路交叉口附近。从道达里出发，笃悠悠地逛到大同酒家不到半小时辰光。说起来，大同酒家与道达里还蛮有渊源的，后文要提到住在道达里 14 号三层楼的"小书包"，伊阿舅 1982 年结婚时就是在这里办的酒水，真是无巧不成书，这家消失多年老字号的故事因此得以"见光"。

大同酒家是上下两层的小白楼，二层主要办酒水，电话77773；一层是早餐和单点堂吃，电话 67817。民国后期的电话已经比较普及了，当时的电话号码只有 5 位数。店里最知名的一道菜，是港式的果汁烤鸭，正因为此，大同酒家也被叫作大同烤鸭酒家。

大同酒家的烤鸭好吃远近闻名，而且价钱也不贵。"文革"期间，要求每个菜售价不超过五角钱。为了节省成本，鸭胸脯片，掺点茭白、双菇之类的辅料，炒一炒或拌一拌，还可以烧鸭架汤，靠着这套"一鸭几吃"的办法，艰难撑过了那段特殊的岁月。所幸的是，"文革"结束后，这个"五角钱"制度很快就消失得无影无踪了。

20 世纪 90 年代初，大同酒家改名为富丽华大酒家，经营特色也不再以粤菜为主，店里的生意一落千丈。维持了几年的惨淡经营后，富丽华被卖给华联商厦，正式关门歇业。2003 年 10 月，二层

❊　　1. 林森(1868-1943)，字长仁，号子超，近代政治家，1931 年接替"九一八"事变下野的蒋介石而任国民政府主席，1943 年 8 月 11 日因车祸在重庆逝世。

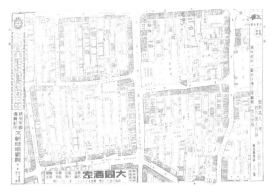

《上海市行号路图录》上册
第 20 图，是道达里所在的
分幅地图

《上海市行号路图录》中"大
同酒家"的广告

大同烤鸭酒家的广告和旧照。图片来源于网络，摄于 1978 年

小楼被拆掉之后，盖起了新联华商厦，后来又改成更年轻化的东方商厦，真真是"各领风骚几十年"。在当下"内卷"时期，各种店面翻得越来越快了，"回忆"似乎是人们最不需要的东西。

　　道达里所在的街坊，南至北京西路、西达成都北路、北倚山海
关路、东临新昌路，总面积约 5.04 公顷。四条边界道路中，北京
西路和成都北路历来是双向交通干道，新昌路和山海关路是生活性
支路、单行道。这种交通组织方式，竟然在近一个世纪的岁月里从
未改变。

　　街坊四个方向的街面房[1] 开着各式店铺，覆盖了衣食住行的方
方面面。有意思的是，里弄出入口和商店的门面布设，并未受到道
路等级的影响，面宽和进深相差无几。仅北京西路这段就有整整
30 个门面，一个开间的宽度大约 6~7 米；山海关路和成都路上的
门面更加狭窄密集，分别为 45 个和 41 个，开间宽度仅 4~5 米[2]；
新昌路上原本的店面并不多，对外营业的门面在 19 个左右。改革
开放后，尤其是 21 世纪后，随着城市产业转型，为解决下岗工人
再就业[3]，破门开店的情况愈发多了起来。

　　街坊的四个街角，用圆弧形的建筑立面勾勒出街坊的形状。在
整个沿街主面中，也只有四个街角是三层楼，其他基本是两层楼（部

❋　　1. 即"底商"。
2.《上海法公董局公报》（华文）第四章第一百三十六号：凡在中国式单间
房屋内开设甲乙两种分类小商业及小工业者，门面至多十四呎（约 4.22 米）
内进至多三十九呎（约 11.89 米）（1934 年 10 月 18 日）。
3. "4050" 工程是上海市政府促进困难群体就业的一项重要措施，旨在为特
殊历史时期形成的女性 40 岁以上、男性 50 岁以上的下岗失保失业的就业苦
难群体，度身制就业岗位，以市场化、社会化的运作机制，促进共就业。

基于《上海市行号路图录》道达里及其周边的里弄布局图

分建筑后开了老虎窗）。因此，从道路到总弄，从弄堂进入建筑，在公共空间与私人领地之间，都是通过"街面房子"来界定的，而不是围墙——这与改革开放后建设的住宅小区有着巨大差异。

在这个五公顷的街坊里，共生长着宽宽窄窄、长长短短 13 条弄堂。每条弄堂都有自己的名字，一条弄堂对应一个弄号，一条弄堂对应了建设时期的一个发展商。一般来说，一条弄堂里的房子，样式、房型、材质、品质大致无二；不同弄堂之间差异还是有一些的。弄堂之间日常都是通达的，到了后半夜，弄堂之间的铁门是关闭的，从管理上看，可分可合、灵活便捷。

人们对弄堂的称呼并不统一，最常见的叫做"里"或者"弄"，比如三德里、太平弄、懋益里；规模小一点的叫"坊"，如承德坊，只有 5 个门牌号；极个别的也叫"别墅"，并没有定数，其实就是石库门房子，并不是人们现在认知的别墅。大概是因为当时的发展商和营造师受到中国传统文化的浸染，弄堂的名字常以"仁义道德"命名，这在上海是非常普遍的。在这个区域，唯有"平泉别墅"例外，大约当时真有一汪清泉，因此得名。

在这个以居住功能为主的街坊中，公共建筑并不多，仅有紧邻道达里北侧的两座，一座是京兆里边上的坤范女中附属小学，另一座是其南侧的公信电器制造厂。

坤范女中附属小学由俞文耀[1]先生创办于民国七年（1918）。当时，开办女校是开风气之先的事情，以"女子模范"之意取名"坤范"。坤范女中在历史上最值得大书一笔的是在世博会上的出色成绩。

※　　1. 现存关于俞文耀先生的信息极少，仅存于《上海妇女志》"女子　教育局"（第一章第一节），"坤范女中校长，创始人"。

迄今所能见到的最早的坤范女中毕业合影，摄于民国十三年（1924 年）第六届毕业生。

坤范女子中学附属小学第二十三届毕业生摄影，摄于 1943 年。

民国三十八年夏，也就是 1949 年夏天，当时上海已解放，纪年尚未更改。

上海市私立坤范小学第三十四届毕业生，摄于 1954 年 6 月。

北京西路新昌路街角。摄影：许一帆，摄于 2022 年 8 月

新昌路山海关路街角。摄影：沈璐，摄于 2020 年 8 月

1929 年，中国政府参加比利时列日万国博览会，并决定在赛会中国馆中专设教育展厅。教育部向全国广泛征集展品，内容包括教育成绩和学校工艺美术品等 4 大类 30 项。坤范女中将历年劳作成绩呈报送展，经严格筛选，在列日博览会中国馆教育展厅陈列，并最终脱颖而出，荣获大会金奖。

20 世纪 50 年代，坤范女中的中学业务被撤并，小学部与多所小学合并，在原址上成立新昌路第一小学。90 年代后期，随着黄浦区教育体制改革，新昌路小学改建为"好小囡幼儿园"，"三楼三底"[1] 的总体格局也完全改变了。

好小囡幼儿园的南侧是公信电器制造厂，南山墙正对着道达里的后门。混凝土山墙上没有一扇窗，在一簇石库门房子里头显得高大、神秘。工厂主要生产老灯头[2] 和一些小的电器件。屋檐底下常引来麻雀做窝，春天里便看到小麻雀们愣头愣脑地追逐蝴蝶。蝴蝶飞行路径妖娆，不好琢磨，小麻雀不及躲闪，一头撞在老虎窗的玻璃上，晕乎乎地飞回去找妈妈去了。

公信电器制造厂靠着新昌路是正门。90 年代中期，改名为"上海公信电器有限公司"迁往嘉定，后来并入上海第二机床电器厂。工厂索性将门面房租给了联华超市。在拆迁前的四、五年，超市把半个门面转租给私人承包的水果店。每每夜幕降临，水果店门前一字排开改装版黄鱼车[3]，炒饭、炒面、烧烤，从晚餐闹到夜宵。

---

1. 老上海描述石库门房子的方式，"楼"意为不接触地面上的房间，即楼层；"底"意为地面上的房间。如"三楼三底"即底层三间房间，二层及以上有三间房间。20 世纪 30 年代后，"×楼×底"也被称为"×上×下"。
2. 即"电灯泡"。
3. 即"人力三轮脚蹬车"。

食客们往往是常客，都是租住在这片老房子、年轻的"新上海人"。他们中大多数看中的倒不是石库门房子的格调和情怀，只是选择了户型小、房租低、地段上佳、交通便捷。老板、帮厨、食客间极少交流，但却很默契，似乎一个眼神、一个手势便说尽了这个时代的辛苦。

新昌路上懋益里的弄堂口。南入口（389 号）始终保留作为弄堂出入口，北入口（399 号）在 2000 年前后封闭，改造成小商铺。摄影：许一帆，摄于 2022 年 8 月

| 爱文义路上的电车 |

"封锁了。摇铃了。'叮玲玲玲玲玲玲',每个玲字是冷冷的一小点,一点一点连成一条虚线,切断了时间与空间。"这是上海沦陷时期张爱玲笔下的有轨电车。"铛铛车"是北平的叫法,远远地就觉着闹。上海叫"电车",一点理性、一点冷眼旁观的意味,"叮玲玲"不慌不忙,温和克制,别有一番悠远的韵味。

道达里的弄堂前曾有三路电车经过,都是无轨电车。最近的车站,就设在北京西路、成都路东侧的路口,距离弄堂口百来米。有时,车子开着开着,"咯"地一下子忽然停了下来,原来是"小辫子"落特[1]了,司售人员就会下车重新搭线,司机通常负责拽拉电线,售票员则站在车后稍远处负责指挥,"向左一点,再向右一点点。"小乘客们都聚拢到车尾扒着车窗,路上行人也会纷纷停下脚步,仰着脖子认真"监督"搭线全过程,不认识的人之间还会相互议论一番,直到"咔嗒"一声,电车重新通上了电,"呜"地一声开走了,围观人群似乎一件要紧的心事落地,各自走开。

上海最早的轨道交通建设从租界开始。1881年7月,上海英商怡和洋行向法租界公董局提议开办电车事业,租界当局认为虽然有轨电车铺轨架线投资较大,但鉴于行车成本低、乘客容量大、乘坐平稳舒适的优点,决定采纳,并着手研究。1898年3月法租界

❋ 1. 即"掉落"。

公董局与公共租界工部局联合组成电车设计委员会，因诸多分歧未果，后两租界分别办理电车事宜。1905年3月公共租界通过竞标选定英商布鲁斯·庇波尔公司（Messrs. Bruce, Peebles & Co., Ltd.）承办电车工程，后其专营权转让给英商上海电车公司，1907年4月24日公共租界有轨电车工程开工。1908年1月31日，英商电车在爱文义路（今北京西路）上试车，同年3月5日，上海第一条有轨电车路线正式通车营运，即英商1路，自静安寺始发至上海总会（今广东路外滩），贯穿东西，线路全程6.04公里，车厢分头等、二等两档，实行分段计价。法租界在1906年1月由公董局与比商国际远东公司签订电车电灯专营合同，规定电车由国际远东公司经营，同年6月法商电车电灯公司成立，接收比商国际远东公司在法租界举办之电车电灯事业。1907年10月开始铺轨，1908年5月6日，法租界第一条有轨电车2路正式营运，起始站十六铺，至7月敷设至徐家汇，线路全长约8.5公里。

回到道达里门前电车的话题。《上海指南》[1]1930年以后的版本上均记载了道达里门前、北京西路上的的16、19和21路的走线以及票价。事实上，前文提到的第一和第二条有轨电车线路（即英商1路和2路）均与道达里擦肩而过，在1908年通车时，从静安寺驶出，经过爱文义路（今北京西路）后，在卡德路（今石门二路）便右转了，与道达里还有一定距离。1920年开辟的16路无轨电车线，

***

1.1909年商务印刷馆刊发的《上海指南》初版，是上海历史上第一部中文导游手册。后来一版再版，不断增印，比如1925年的第21版、1930年的第23版，以至1946年以后的《指南》受《大上海都市计划》的影响，主张以"上海为人民本位之中心地域，亦可解决全世之乱。"

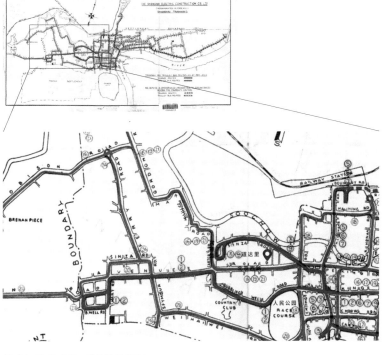

20 世纪 30-40 年代，道达里门前的电车线路示意，红线表示有轨电车，绿线表示无轨电车。

16 路电车停靠站和票价。

16路 曹家渡——人民路江西南路
經过：長寿路、江宁路、胶定路、泰兴路、武定路、石門二路、北京西路、北京东路、江西中路、江西南路。

曹家渡													
4											和丰里	头班车	末班车
4	4										長寿路安远路	曹家渡 4.15	23.45
4	4	4									叶家宅路	人民路 4.15	23.40
4	4	4	4								鄂州路		
4	4	4	4	4							新华里		
4	4	4	4	4	4						西醴路		
4	4	4	4	4	4	4					長寿路江宁路		
7	7	4	4	4	4	4	4				江宁路安远路		
7	7	7	4	4	4	4	4	4			淮安路		
7	7	7	7	4	4	4	4	4	4		胶定路江宁路		
7	7	7	7	7	4	4	4	4	4	4	泰兴路安定路		
7	7	7	7	7	7	4	4	4	4	4	武定路石門二路		
10	10	7	7	7	7	7	4	4	4	4	石門二路北京西路		
10	10	10	7	7	7	7	7	4	4	4	成都路		
10	10	10	10	7	7	7	7	7	4	4	黄河路		
10	10	10	10	10	7	7	7	7	7	4	西藏中路		
13	13	10	10	10	10	7	7	7	7	4	西藏中路		
13	13	13	10	10	10	10	7	7	7	4	江口路		
13	13	13	13	10	10	10	10	7	4	4	北京东路		
13	13	13	13	13	10	10	10	10	4	4	延安东路		
13	13	13	13	13	13	10	10	10	4	4	人民路江西南路		

自天后宫桥（今河南路桥）南堍沿北京路（今北京东路）向西至泥城桥（今西藏路桥），线路也并没有经过道达里。由此可见20世纪20年代之前苏州河沿岸的居民集聚程度尚不高。

直到20世纪30年代前后，道达里的周边地区对公共交通的需求大幅增加，这才有了16路电车的延伸。后来又增添了19和21路。直至二十世纪60年代，这三条线路的成都路站都一直保留着的。如今只留下了21路，也还是保留了"小辫子"[1]公交车，当然，车型已经有了天壤之别，从改革开放初期的巨龙车[2]变成了单节空调车。由于成都路拓宽，并建造了成都路高架——上海最重要的南北交通走廊——21路的车站也向东挪了一个路口，从北京西路／成都路路口向东搬到了北京西路／新昌路路口。

一直以来，上海的电车都是这座城市"魔性"的组成部分。20世纪80、90年代，车上1平米的面积最多能站11个人。每次上车，被满满当当的乘客挤到巨龙车香蕉座[3]的边上，只能低头盯着接缝处露出的柏油路面，刹车时猛抬头，在摇摇晃晃中，模模糊糊见到同车乘客无差别的脸孔，不禁想起《封锁》中的吕宗桢和吴翠远。在电车上，人们从繁忙的生活中得以喘息，把"日常"的面具摘下来，发呆、出神、幻想，等到下车，他们又慌忙奔向生活、工作、学习，忙不迭地带上自以为得意的面具，是庸常的生活，还是思想的束缚，压抑了冒险的欲望。时代的乘客，你在哪一站下车？

❊　1.即公交车车顶上的集电线。
2.1984年使用的SK570型无轨电车，俗称"巨龙车"，为了尽可能让出更多乘客上车，该车型拆除了座位。
3.两节车厢之间，铰接盘位置上的咖啡色弧形三人座椅，形似一根咖啡色的香蕉，是巨龙车的典型标志。当车子转弯的时候，香蕉座边的车厢地板会露出一个洞，能看到车底路面。

| 道达里，到了哪里 |

　　道达里的鲐背之年倏忽停止在 2020 年的夏天，就像匆匆赶来的秋，把时光挡在了昨天。匆匆离开的人们，留下了自己认为再也不会用的东西，水斗上搭着的鞋垫、墙上挂着的竹篮、门边一把残缺的藤椅、墙角斜靠的塑料洗脸盆……陪伴了老宅子最后的日子。一条新昌路将道达里分成了两部分，分别是北京西路 318 弄和新昌路 280 弄。位于北京西路 318 弄的道达里，由英商五和洋行（Republic Land Investment Co., Architects）设计建造，共有 6 栋房子、11 个门牌号，占地面积总共 1710 平方米，1933 年建成时的总建筑面积为 3328 平方米。

　　建筑上整体南北向略偏东 15°，砖混结构的三层楼建筑群连续排列着没有缝隙，东西两端各有一个观音兜，表明建筑群的起止。3 至 14 号间，除了正对着弄堂口的 3 号是三开间之外，其余 10 个号牌均是两两组合形成的双开间合院。比方说，12 号与 14 号的布局是镜像对称的，从鸟瞰的角度观察，两个天井共同形成一个完整的、四四方方的小院子。

　　道达里是主弄，宽度 4 米，原先没有花池，小汽车也能开得进来。从北京西路主入口进来，可以直接开到 14 号诊所前门口。20 世纪40 年代，赵医生有一部黑色的福特轿车，老邻居们还记得清清楚楚：长长的车头、左舵的驾驶位，伸出车身的踏板还蛮高的，穿着旗袍优雅上车是个技术活。

道达里航拍照片。摄影：许明，摄于 2020 年 8 月

道达里四至弄堂的实景照片。摄影：许明，摄于 2021 年 8 月

　　这组建筑的北侧是太平弄和新余里，现在看似是一条弄堂，原本是两条，拆了隔墙变成一体，所以比别的弄堂格外宽一些。道达里建筑群的东侧是无名小弄堂，1 米的宽度都不到，居民搭了水斗后，只能侧身通行。就算是这样狭窄的弄堂，二层和三层的居民还自己搭了"过街楼"，人是住不下的，只是存放些东西，略略缓解居住的窘迫。

征迁后，居民搬家留下的旧藤椅和不成套的脚踏，保留着主人使用时的方向和角度，没有带走的搪瓷锅，随意丢在地上的颜料，似乎表达着主人告别旧生活的决心。

摄影：许明，摄于 2021 年 8 月

| 中西合璧 以中为主 |

关于石库门的源流，通常是这样描述的："1843 年上海开埠后，因通商和战乱，租界人口骤增，出现了毗连式木板简屋和毗连式砖木结构里弄住宅。石库门脱胎于英国伦敦的毗联式住宅。"

"石库门"一词，目前所知的最早见诸于文字是在 1872 年 9 月 27 日《申报》[1] 上的一则广告，当时"石库门"的叫法已经相当普遍了[2]。可见，石库门应该在 19 世纪 70 年代之前就已经出现了。

1872 年 9 月 27 日《申报》上的房屋出租广告：房屋出租   启者今有新造厅式楼房一所，在石库门内，计四厢房后连平屋五间，坐落石路中三元轩街内，倘有贵客欲租者即请至老闸养德药铺间壁街内向本号面议即可也 九月二十七日 洪元成谨启

❊   1.《申报》原名《申江新报》，1872 年 4 月 30 日在上海创刊，1949 年 5 月 27 日停刊，被称为研究中国近代史的"百科全书"。
2.《上海石库门里弄房子简史》。

然而，目前学界公认的"第一栋"石库门房子，是 1872 年宽克路（今宁波路）120 弄兴仁里。但上文《申报》的招租广告却说明，石库门在 1872 年之前早已出现，并已经成为普遍认知。

1870 年后，无论是公共租界的工部局，还是法租界的公董局，在其公布的年报和章程中，都将石库门住宅称为 Chinese House（译作中式房屋或华式住宅），包括《中式房屋建筑章程》（1901 年）、《工商局年报》(1914 年)、《上海法公董局公报》（1935 年）等。

《申报》在 1946 年 10 月 21 日第六版刊文中，记载道"上海住屋，最普通的是里弄，此从中国旧式房屋改进而来的。"日本学者佐藤武夫和武基雄于 1943 年 9 月亦发表文章《中支に於ける邦人住宅事情》（译为《近代中国住宅散文》（调查报告））中也讲述道："'里弄住宅'基本上沿袭传统的中国住宅形式，只在内部进行了些许近代化改革。"

由此可以推论，石库门是从上海传统住宅逐渐"演变"成石库门的，历经了缓慢和渐进的过程，而不是一蹴而就的。那么，石库门之前上海人住在什么样的房子里？是否存在一种可能性，石库门的源起并不是英国工人住宅，而是地地道道"以中为主"的中西合璧。那么就要从上海乡土建筑"绞圈房子"说起。

绞圈房子属于江南天井院落式传统民居的形制范畴，特点是四面（或三面）由房屋围合而成的中轴对称、一正两厢的天井庭院。为了抗击台风、阻击倭寇，将四面之房绞接在一起，绞圈而建，因此得名。之所以认为石库门"以中为主"，并且脱胎于绞圈房子，是因为两者至少有以下四个相似点：

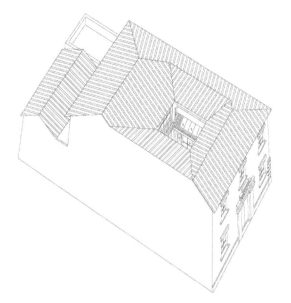

二层绞圈房脱胎为早期石库门。绘图：徐大伟

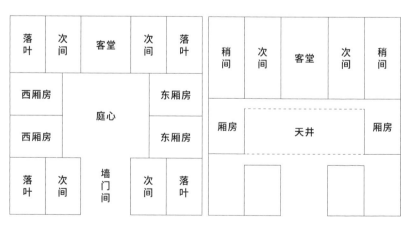

落叶	次间	客堂	次间	落叶
西厢房		庭心		东厢房
西厢房				东厢房
落叶	次间	墙门间	次间	落叶

四合院绞圈房子模式图

稍间	次间	客堂	次间	稍间
厢房		天井		厢房

石库门模式图

对比典型四合院绞圈房子（左图）和典型石库门兴仁里（右图）的一层平面，会发现两者惊人相似，"客堂""厢房"等叫法也如出一辙。相比之下，后者的空间布局更加紧凑，"庭心"缩小成了"天井"。绘图：徐大伟

（1）从平面布置上看，石库门和绞圈房子一样，是一正两厢、中轴对称的合院。合院式建筑最早发现于陕西。中原地区是四合院的摇篮，随着移民迁徙来到江南。有记载以来，中国历史上有过15次移民浪潮，最著名的是明初大槐树迁徙，按"四家之口留一、六家之口留二、八家之口留三"的比例迁移，迁往全国各地的移民曾达百万人之多。由于移民的迁居，建筑形式、营造工匠也跟着迁移，于是中原地区的四合院被带到全国各个地方。

（2）从空间形态上看，绞圈房子与北方四合院的差别在于，前者的屋顶是双坡、呈正方形且四个角上45°绞接，后者的每座房屋是分离的。四面绞接利于排水，具有"四水归留"的意涵；抵御台风时，正方形平面更稳定；对外墙面上不开窗户，连仪门头上的山花，都是内朝天井雕刻的，主要为了防御倭寇的侵扰。这些特点都被石库门房子悉数吸纳。道达里的屋顶就是处处以45°角的方式衔接的——这个绞接的方式是上海民居独有的"基因"。

（3）从发展演变上看，绞圈房子和石库门房子都是可以随着居住需求不断适应性生长的。早期的绞圈房子多为一层，主要集中于乡间，地方比较宽敞，采取一层平铺的方式建造，常见的有一层三合院和一层四合院两种类型。一层三合院，三面有房，一面为带仪门的墙体。一层四合院，四面有房，入口大门为位于"前埭"中间的"墙门间"。

随着建筑工艺的发展，具有一定经济条件的官宦商贾提出需求——在集镇建设两层的绞圈房子。尤其是伴随着集镇人口密度的增加，两层绞圈房子成为主流，底层用于经商，二层则是居住之用。绞圈房子四面围合，私密性强，庭心有较大的活动空间，是理想的

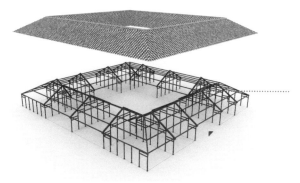

农村普通的绞圈房（四合院）
双坡屋顶、呈正方形、四个角
45°绞接，一般为一层

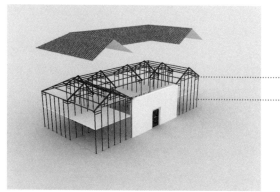

集镇上的绞圈房（二层三合院）
从一层变为二层绞圈房

二层用于居住

一层用于行商

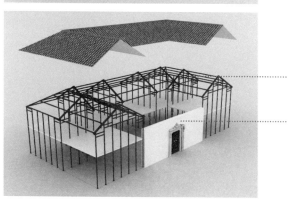

石库门房子形制与集镇上的二
层三合院并无二致

仅在门楣和窗楣上作一些西式
装饰处理

绞圈房子到石库门的演变方式：四合院绞圈房、三合院绞圈房、
二层石库门。绘图：徐大伟

商住两用建筑。二层绞圈房子平面布局源于一层绞圈房子，只是在竖向结构上加高一层，分为二层三合院和二层四合院。二层三合院三面有房，一面为带仪门的墙体，墙体大多为一层高度，以利通风采光；二层四合院四面有房，但由于层高过高，四面遮光，不利于庭院内部采光和通风，实用性低，极为少见。

上海开埠后，租界成为商贾富人的避难场所，兴建里弄住宅，满足居住、经商、储藏财物的需求，绞圈房子在特定的历史背景下演进和脱胎为上海石库门。石库门建筑顺应传统民居的居住平面和空间，满足居住、商铺和仓库等各种功能，成为喜闻乐见的民居类型。

（4）从建造方式上看，石库门房子的营造师来自绞圈房子的工匠。开埠时期的水木作工匠[1]主要来自来自江浙一带，其中川沙地区和高桥地区的水木作营建商和浙江宁波地区的石匠密切合作，建造了大量的石库门，数量达到上海民居的七成左右。从水木作到营造厂，如杨斯盛[2]、顾兰洲[3]等人，从川沙、高桥等地走出来，成为上海建筑行业的重要力量。绞圈房子的传统技艺也是在这个时候，成为租界中住宅建设的主流。

石库门几乎"照搬"了上海郊区集镇上二层三合院的平面、空间结构和穿斗式的砖木结构建造，仅在外立面作一些西式风格的门楣和窗楣的处理。这种建筑形态可以看作绞圈房子向石库门建筑过

❋　1.泥水匠与木匠合力建造建筑物的一种组织，由泥工、木工、雕锯工、石工、竹工、油漆工等各类工匠组成。是晚清时期建筑作坊向现代建筑企业转型的过渡形态。
2.杨斯盛（1851-1908），上海川沙（现浦东新区）蔡路镇（现并入合庆镇）青墩村人。于1880年创设上海近代建筑史上第一家资本主义性质的营造厂——杨瑞泰营造厂。曾任上海水木业公所领袖董事、浦东帮建筑业的领袖。
3.顾兰洲（1853-1938），上海川沙（现浦东新区）蔡路镇（现并入合庆镇）建光村人，早年追随杨斯盛，任职杨瑞泰营造厂，后于1892年独员创办顾兰洲营造厂，以建设用地省、造价低的石库门建筑而闻名。

渡的标志。事实上，20世纪初的里弄房子里，"夹杂"着许多地道的绞圈房子，至今仍有迹可循。道达里西侧的太平弄（新昌路295号）内就坐落着一座典型的三进两层一正两厢绞圈房。

1907年，唐山启新洋灰股份有限公司引进丹麦史密斯回转窑，大量生产和供应水泥，石库门的建造引入砖墙承重结合钢筋混凝土圈梁的结构模式，为不断改进平面布置和外立面提供了丰富的多样性和可能性。

道达里的建设时期正处于所谓的"摩登年代"，具有典型的装饰主义风格[1]。尽管如此，12号与14号共同形成的中轴对称的格局、具备完整的天井、客堂间、东西厢房，正是明明白白告诉我们她的中国血统、上海基因、海派气质。石库门房子是真真切切的"中国造"。

道达里西侧太平弄的绞圈房子（红色框内）。摄影：许明，摄于2020年5月

1. 即 Art Deco，装饰艺术派。

中共一大会址是灰砖灰瓦的石库门建筑，加上红砖装饰；新天地兼有红、灰两种颜色的砖；建业里完全是红砖红瓦……也许因为这些"实践经验"，在修缮承兴里（详见《也说承兴里》）的时候也使用了艳度较高的红砖。要知道，承兴里与道达里之间只隔了一条窄窄的新昌路，这些老房子的建筑色彩并无二致。小时候，隔壁邻居小伙伴们经常在这几条弄堂奔跑打闹，躲猫猫的时候就是利用房子近似的色彩和样式，才不容易被找到。道达里为我们提供了旧时真实的、别样的色彩样本，留给永远去追忆。

20世纪初，已经进入砖砌建筑的时代。道达里前门一侧的立面，由浅褐色耐火砖敷设，是上海最早使用这种材料的建筑之一。《密勒氏评论报》中的一篇文章《上海建筑的显著进步》[1]详细记录了上海建筑材料的变迁。

道达里的立面采用了三种砖色来加强立面的光影效果，暗合了上海中等光亮城市对色彩搭配的要求。基调色是比较正的红黄色（5.7YR），辅助色是偏黄的红黄色（7.7YR），点缀色是偏冷一点的中性色（10G），用来勾勒窗框。三个色相在孟塞尔色相环上是

---

1. 原文题为 "Great Progress is Evident in Construction Methods in Shanghai Machinery Repeating Man-Power"in"the China Weekly Review, Former Millard's Review",1926.12.4。

5YR 7.8/1.6

3.7R 4.7/2.5

2.4R 6.8/0.6

10G 4.1/0.3

5.7YR 9.2/0.7

7.7YR 6.0/0.4

道达里 14 号前门立面。摄影：许一帆，摄于 2022 年 8 月

9.5YR 7.2/3.8

3.8Y 7.1/0.9

0.4YR 2.3/7.1

道达里 14 号后门立面。摄影：许一帆，摄于 2022 年 8 月

相距不超过 90° 的近似色；基调色和辅助色都处在高明度（大于 6.0）、低艳度（小于 1.0）区间。门框和窗框是石材的，呈现的色彩是明度更高、艳度极低的红黄色，整条弄堂呈现温暖的灰褐色。

仔细看立面上耐火砖的色彩，也可以细分成三种颜色，用来打底的是偏中性的黄色砖（2.2Y），横向上每隔两行、纵向上每隔一块砖，会嵌入一块偏暗红色的砖，打破底色的沉闷。砖与砖之间产生的阴影，是比暗红砖色明度更小一些的红黄色。这样细微的变化，给立面带来了变化，却又不招摇，是非常雅致的配色方式。整条弄堂维持了温暖米黄的色彩基调，又因为"石箍"和黑漆大门形成有序列的韵律感、厚重感和很强的装饰性。

后门一侧的立面就逊色得多，毕竟在从前，这里不是主人家进出的空间。墙裙就是普通水泥砌筑的，大修时几经涂刷，如今斑斑驳驳，积累了经年的水渍和霉斑。墙体是一抹偏黄的红黄色（9.4YR），多年来倒也没有什么变化，只是随意拉扯的电线和歪歪扭扭的空调外机，还有从墙缝里钻出来的野草，似乎预示着最终消陨的命运。

从前门走进 14 号，一楼的地面是花砖（大块铺地砖）铺就的，因为大家的喜爱，从没想过改成其他花色。虽然常年失于管养，但终究没有脱落过一块，当年的材料品质和施工质量可见一斑。地砖是用接近正红黄色（9.4YR）作底色，条纹是近似灰色的黄（2.2Y），点缀色是接近深灰色的黄（8.3Y）。地面需要一些稳定感，因此三个颜色的明度都为中等，艳度很低，将色调调和发挥得淋漓尽致。无论是外墙还是内装，"三位一体"的配色方式，是最稳妥和协调的。

楼道里的楼梯和扶手色彩是一体的赤褐色（4.7R），明度和艳度都非常低，显得十分沉稳、踏实。从一层到一层半一共有 14 级

9.4YR 7.2/3.0
8.3Y 2.1/0.6
2.2Y 5.7/2.3

道达里 14 号一楼花砖地板。摄影：俞兵，摄于 2018 年 10 月

4.7R 2.1/1.4

二层通往三层晒台的木楼梯。摄影：沈璐，摄于 2022 年 8 月

木台阶，从下往上的第二级，有一个转弯平台；从一层半到二层，以及从二层到三层各有 8 级木台阶。小时候总觉得楼梯特别长、特别陡、特别暗，每次总是要在转弯平台上运一口气，再一路"噔噔噔"跑上楼，木扶梯发出"嘎吱嘎吱"的声响，和着急促的脚步声。母亲在三楼厨房间一下就听到了，"囡囡回来啦。"

拆迁之前，道达里的第五立面（屋顶）主要是铺设红瓦（3.2YR）。问题是屋顶原先是什么颜色的，换句话说，最初做道达里是红瓦还是青瓦？这个话题在访谈和成书过程中，产生过争议。一种说法是，建成初期采用的是青瓦，在 20 世纪 70 年代的整体修葺时，统一换成了红瓦；另一种说法则是，道达里原先就是红瓦，部分青瓦是在修建过程中替换上去的。从目前的资料来看，青红之争似乎无法判断，只能等待更多的"证据"浮出水面。

　　2020 年中的时候，关于承兴里的新闻甚嚣尘上，大抵就是官宣"改造成功"与坊间"彻底失败"之间的口水仗。8 月份的时候，有老邻居传来消息，说是刚搬进去没多久，楼板就掉下来了。匆忙赶过去，看到弄堂口居委会围了好多人，但围观的人都对此三缄其口，露出戒备的眼神，摇头说"伐晓得"。

　　在遥远的记忆里，承兴里要比一路之隔的道达里热闹得多的，这与区位有关。承兴里的北侧紧靠着窄窄的青岛路，肩并肩排列着各式各样的小门面，至今还没有纳入留改范围，嘈杂、热闹、市井，在这里混合成奇妙的和谐场景，换句今天的时髦话，就是复合产生活力。

　　由于市政建设的原因，青岛路的地面多次抬升过——其实上海老城区很多地方都是如此——以至于道路的地坪比室内的地坪高出十几公分。因此，进店铺是要向下走两级台阶的，下雨天，就会看到店家用砖头临时搭起的自家"防汛墙"，防止室外的积水倒灌到屋子里。

　　搬离道达里之后，母亲偶尔还会专门绕道去青岛路的一家小店里买糯米。尽管没有调研，老人家依然坚信，这里的糯米是上海滩性价比最高的地方。其实，这无外乎是一种难以更改的习惯。抓一把十块钱的糯米，店里爷叔总说，"伐要称了，阿姐侬拿去吧，下

沿青岛路的街面房，没有进行改造，保留着窄小的店面和热闹的氛围。摄影：沈璐，摄于 2020 年 8 月

趟来一起给（钱）。"母亲倒也不坚持，顺着就问，"好额好额，虾虾侬哦""拿阿姆还好伐啦，长久噎看到伊来开药了。"

　　承兴里的东侧紧挨着黄河路，在 20 世纪 90 年代的上海，是全上海闻名的美食一条街，坐落着响当当的饭店、酒家。临街二层的房子基本都被改造过，一层向下挖半层，二层向上加一层，算上阁楼，一共可以摆出四个楼层的圆台面。有些"豪华"装修的房子，还加装了电梯。如今，黄河路就像旧时美女挂历，泛油光的脸上浮着厚厚的一层粉，腻腻的没有精神。

老天井和老客堂间。摄影：乐建成，摄于 2017 年 3 月

　　承兴里是标准的"非"字形结构，市政道路连着总弄、总弄进去接着支弄，通向各户人家的大门，全部都是坐北朝南的房子。除了沿街店铺那排房子，其他区域都已经改造完了，在改与没改之间形成了天壤之别。旧的那一侧仍然有人端着饭碗，坐在大门口的荫头里，脚边窝着一只懒洋洋的猫咪；新的一侧俨然是搬进来的"new money"，对旧房子投去同情而略带鄙夷的目光。

走进弄堂看了看，环境确实比改造前要整洁很多，房子外观有没有达到历史保护的要求姑且不论，但是建筑内部的改造方式还是值得商榷的：因为套内面积太小，每户人家搭了阁楼，改造作为卧室。放在老年人居住为主的住宅里面，又有多少老人愿意且有能力天天爬阁楼，显得多少不那么合适。

除了被抽户搬离的人家，原住民已经回搬了。走到40号前门，天井的门微微开着，一个老人寂寥地坐在粉刷得崭新的老宅天井里，缓慢地摇着扇子，四周围着白花花的墙面。他说天井在改造的时候给加了0.5平方米，利用增加的面积搭了一个小小的厨房间。而往常，石库门房子的灶披间都是朝北的。跨进厢房，施工队搭的阁楼已经被老先生重新改造成了储藏室，在一楼另外放了张床，使得原来就狭小的空间更加转不过身来，"一来老床舍不得扔，二来年纪大了，爬到阁楼上睡，晚上起夜太麻烦也太危险了。"

不知道这半个平方和阁楼加建，对这位老先生是否真的有意义，还是他已经在怀念从前拥挤的日常。城市发展的残酷就在这里，一切都无法预设，一切都无法重来。承兴里的生活似乎还在继续，但走出弄堂口的那一刻，我跟她作了诀别。

照片中央部分显示了承兴里没有改造的街面房子，新旧对比还是非常强烈的。摄影：沈璐，摄于 2020 年 8 月

照片中的右侧立面是修缮后的承兴里，左侧是"悬而未决"未修缮的。摄影：沈璐，摄于 2020 年 8 月

改造后的承兴里正立面。摄影：沈璐，摄于 2020 年 8 月

刚刚装修完的承兴里室内空间。摄影：沈璐，摄于 2020 年 8 月

新余里主弄，通往道达里后门。摄影：沈璐，摄于 2018 年 8 月

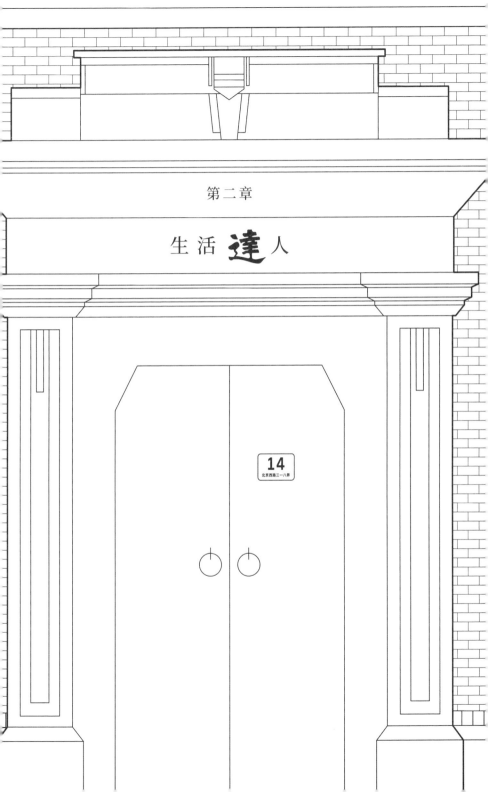

第二章

生活 達 人

14
北京西路三一八弄

| 螺蛳壳里做道场 |

　　道达里的 12 号与 14 号其实是一幢建筑，平面呈镜像对称，只是在建造的时候，一分为二，在中轴线上加了一堵墙，立了两个门牌号。所以，单看 14 号的内部结构并不是对称的。

　　南侧的大门朝向道达里主弄，一般也叫"前门"，是建筑的正立面，门框是厚重的石料架起的，两侧还有 Art Deco[1] 风格的几何图形装饰的仿水泥立柱。推开黑漆大门，映入眼帘的是四四方方的天井[2]，地上是 20 公分左右见方的砖石铺地，正对大门的是通往客堂间的六扇红漆落地窗，脚下是一级石阶和高高的木门槛，这原本也是红漆的，如今已经斑驳得分辨不出颜色；天井的东边是前厢房整排的高窗。

　　抬腿进入客堂[3]，这里是石库门房子的交通中枢和公共空间，冬暖夏凉，但常年的湿度也很大。在不同的历史时期，客堂承担着不同的功能。这里曾是赵医生的诊所，同时也是整栋楼红白喜事的举办地、教友姐妹会的聚会场地，摩肩接踵，好不热闹；改

❋　　1. 即 Art Deco，装饰艺术派。
　　2. 从石库门的正门到客堂间之间的空间称为"天井"，源于上海民居绞圈房子中的"庭心"，是后者的缩小版，面积一般只有 10~15 平方米。在寸土寸金的上海中心城，高密度的住宅建筑中留出一片"小天地"，用于改善居住通风和采光条件。道达里 14 号的天井面积达到 20 平方米左右，在同类型中的石库门里已经算是很大的了。
　　3. 穿过天井，迎面进入"客堂"，也叫作"客堂间"。客堂的侧门连着厢房，后面连着楼梯间，是整栋楼的交通中枢和公共活动空间。

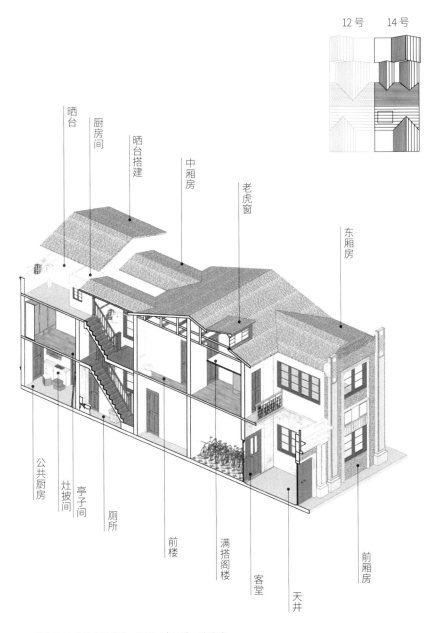

晒台

厨房间

晒台搭建

中厢房

老虎窗

东厢房

公共厨房

灶披间

亭子间

厕所

前楼

满搭阁楼

客堂

天井

前厢房

道达里 14 号的空间布局。绘图：李钰琳、陈昕瑶

小天井。摄影：许一帆，摄于 2022 年 8 月

灶披间。绘图：乔艺，摄影：许一帆，摄于 2022 年 8 月

革开放前后,这里沉寂了很长一段年月,只是摆摆自行车、堆放一些旧家具;临近征迁的这几年,居然开起了棋牌室,牌友们吞云吐雾,出乖露丑。老住户的搬离、新住户的不尽如人意、房子品质无可挽回的衰败,令人唏嘘不已。

客堂间的东侧有两扇门,一扇通向前厢房,另一扇是前厢房和中厢房之间隔出来的隔间,没有窗子,只有8平方米,当作一间卧室。过了客堂间,左手是一小间厕所,右手是中厢房,再往前是楼梯、公共卫生间和小天井[1]。走到底则是灶披间[2]。"文革"前后为了解决住房紧张的问题,隔出了大半个灶披间作为居住空间,另一半则是作为公共厨房带一个通风天井。从公共厨房可以直接通到太平弄,从太平弄可以直接走到新昌路上,所以也叫"后门"。解放前,"后门"是佣人走的,所以尺寸比"前门"小得多。

沿着木楼梯拾级而上,走到一层半的地方是两个亭子间[3],也叫"双亭子间";再向上半层,正对着的是前楼和东厢房,左右两边是中厢房和后楼。前楼、后楼被打通了[4],还加了一个"满搭阁楼"。楼梯间则被改造成公共厨房区域,放了三户人家的灶头、水斗和操作台。

1. 为了改善建筑一层的采光,在楼梯间的两侧,各留出4~5平方米的露天空间,称为"小天井"。并不是所有的石库门房子都布置小天井。
2. "灶披间"又称"灶头间"。老式石库门的厨房是单层披间,"灶披间"就此得名。中后期,取消单层披间,改为底层的厨房,"灶披间"的名称则沿用了下来,一般都是公用的。
3. 灶披间的正上方为"亭子间"。亭子间与前楼和厢房错了半层,楼层高度低,朝向北面,光照不佳,时常受到楼下灶披间的油烟和噪音影响,因而是整栋楼中居住体验最差、租金最低的房子。
4. 由于石库门的进深尺度大,以楼梯间为界,分为前楼和后楼,分别对应前厢房和后厢房。前、后厢房统称"通厢房",早期是一宅主人的卧室。

前楼。摄影：沈璐，摄于 2023 年 6 月

客堂间。摄影：黄慧珠，摄于 2023 年 6 月

客堂间。摄影：俞兵，摄于 2017 年 7 月

天井里东厢房的窗户。摄影：俞兵，摄于 2018 年 10 月

楼梯上方用来晒衣服。摄影：沈璐，摄于 2018 年 8 月

从天井看前楼阳台。摄影：俞兵，摄于 2017 年　　亭子间一角。摄影：沈璐，摄于 2018 年 8 月
7 月

晒台上用楼梯转角搭建的迷你厨房。摄影：许一帆，摄于 2022 年 8 月

从街面房看 14 号。摄影：席子，摄于 2020 年 8 月

最上面是晒台[1]，晒台的东侧作为"晒台搭建"，来增加居住面积，这是最初建设时就有的，并不是私搭乱建。后来通了煤气，在房间和楼梯之间，用绿色瓦楞板做顶棚简易地搭了一个 1.5 平方米的厨房间，室内贴上白瓷砖，还开了一扇小小的窗户，边框刷上与瓦楞板一样的青绿色。厨房的对面，用砖和水泥砌了水斗，由于 DIY 质量不过关，加上上海天气潮湿，边角的水泥老是小块小块往下掉，显露出赤棕色的砖，也显露出石库门生活的尴尬和窘迫。

上海人自嘲"螺蛳壳里做道场"，用自己勤劳的双手略略改善了生活空间，无意间完成了自我"成套化"改造。尽管如此，无奈空间狭小，不免邻里争执。回望过去，这些口角不过是一些如齿龃龉，回想起邻里间的沉浸式互动，不禁感到可爱和甜蜜。

❋　1."晒台"一般位于"亭子间"的正上方。道达里的晒台是由钢筋混凝土梁板的混合结构，质量坚固，通达晒台也有正规的木楼梯。

道达里 14 号的前门。摄影：沈璐，摄于 2021 年 8 月

道达里 14 号的后门通往太平弄。摄影：沈璐，摄于 2020 年 8 月

| 一达谓之道 |

小时候琢磨"道达里"名字的由来，遍寻无果。读书后，才知道《尔雅·释宫》有云："一达谓之道"，后面还有三句"二达谓之歧旁，三达谓之剧旁，四达谓之衢"。

是谁，出于什么考虑，给这片石库门里弄起了"道达里"的名字，已经不可考了。但这个名字却准确地言中了这片居住区的命运：人们从四面八方聚到道达里14号，天天见，以致厌烦；又在2020年的夏末从这里四散开去。唯心一点讲，"到达"道达里的人们，相互之间多少有些缘分的，有远房的亲眷、有亲密的好友，当然也有"文革"中强行住进来的，另外还带着些职业关联上的巧合。时间久了，大家都愿意称自己是"14号里额宁"（14号里的人）。

有了前文对房子结构的铺垫，整栋楼里"72家房客"的布局就容易讲了。从后门进去，一楼的灶披间划出来的房间住着陈家，全家的男丁都是警察叔叔；中间的厢房住的是赵家，四代人伴随了14号整整90年，在这幢房子住得最久；前厢房依次住过几位新华医院的医生以及他们的亲眷；前厢房和中厢房之间的小隔间，属于远洋轮上工作的徐先生。

上了一楼半，迎面的双亭子间是俞家——赵家的远亲——在这幢楼住了三代人之久。继续上半层来到二楼，中厢房原本租给了宋家姆妈住，老太太过世后就还给了赵家。前楼的一边住着杨家，对房屋改造"作出了巨大的贡献"；另一边，前楼归属是上海外国语

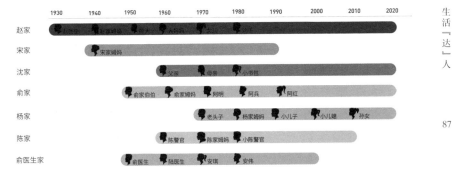

道达里14号里的"72家房客"。

道达里14号的住户分布示意图。

小天井。摄影：许一帆，摄于 2022 年 8 月

大学，先后住过两位英文老师，后来一位画家把这间屋子买下来了。三楼只有一间房间，一直是沈家住着，20世纪60年代从尊德里搬过来的。

20世纪80至90年代，是道达里14号居住人口最多的年代，一共住着9户人家、30多口人，人均居住面积在6.5平方米左右（含公用面积），与同时期的上海人居居住面积基本持平。当然，每家人家的人口和套内面积不同，人均居住面积也略有不同，但总的来说都是很局促的，煤卫也都是公用的。

这一章，我们仔细来看看道达里14号里"蜗居"的日子，以搬进14号的时间顺序为线索，以各户为单位，依次讲讲他们的生活琐事。事实上，这些日常故事背后，常常牵扯出国家政策的演变，上海城市的发展，以及一系列城市制度的变化。由此可以清晰地看到，每一个宏观政策地变化，比如公私合营，是如何彻彻底底改变一个家庭、一代人的。

在中国最近一个世纪里，围墙外波澜壮阔的历史事件，拨动了围墙内生活的涟漪，最最普通的人们，在逼仄的生活环境里，铺展了一段段活色生香的日子。

东厢房一角。摄影：仇月，摄于 2023 年 6 月

中厢房一角。摄影：许一帆，摄于 2022 年 8 月

前楼一角。摄影：席子，摄于 2020 年 8 月

亭子间一角。摄影：仇月，摄于 2023 年 6 月

亭子间一角。摄影：仇月，摄于 2023 年 6 月

从晒台看新昌城。摄影：沈璐，摄于 2023 年 7 月

晒台搭建一角。摄影：许一帆，摄于 2022 年 8 月

还记得 1947 年那张行业地图上标注的赵式谷医生吗？赵家是这栋楼最早的房客，几乎房子建成的同时就住在这里，至今已经第四代了。1933 年，赵医生从德文医学堂毕业后，花了 12 根金条从大房东[1]手上把道德里 14 号"顶"下来，俗称"伲房东"[2]。住进来后，赵医生在客堂间开设私人诊所，自己携了家眷住进厢房。这种"居职融合"的模式在当时非常普遍，在《上海市行号路图录》中有着清晰的表达，每条弄堂几乎都是居住和各种行号混合在一起，用今天时髦的话说，就是"复合多元"。

赵医生是西医出身，但对中医情有独钟。诊所开业后便请来同学兼好友中医黄逸生医生，一同看诊。隔了段时间，还邀请到了专门研究回族医药的卢志高医生坐诊。20 世纪 50 年代初，卢医生离开上海回银川去了。当时通讯方式不发达，在几次通信往来后，便失了联络。在中西合璧的石库门，开一家中西合璧的诊所，可见赵医生的情怀和远见。

周末歇诊的时候，赵医生时常邀请沪上的名家票友，在客堂间唱场京剧堂会，引来隔壁邻舍围观，人头攒动、热闹非常。在没有电视机的年代，堂会是坊间喜闻乐见的消遣。

❋   1. "大房东"是真正的房东——房子的所有者；"二房东"是直接从大房东手上租一栋房子，一次性支付给房东"顶费"，获得合同规定年限的房屋使用权，然后把租来的屋子划分出若干部分，分租给别人。

   2. 即"二房东"

解放前，这间中西医合璧的诊所在新昌路一带的口碑极好。门诊二角，出诊一元。一般人都能看得起。赵医生为了出诊方便还配了自备小汽车，平时就停在前门门口。后来，连附近的小流氓也看上了这里的生意，"组团"来诊所打劫，进门就抱拳，"赵医生，发财、发财。"赵医生见状只能破财消灾。哪里晓得，过了两天又来了，"赵医生，发财、发财。"后来实在受不了，托了人找到黄金荣，登门拜访，请客吃饭。没想到一个是文弱书生、一个是青帮大佬，俩人居然相谈甚欢，称兄道弟。后来黄金荣送给赵医生一块匾额，亲手书写九个大字："式谷大医生——金荣兄呈"。过了几天，小流氓果然又出现了，"赵医生，发财、发财。"抬脚进门，猛地抬头，呀——老头子的亲笔高高挂在客堂间墙壁上，立马抱拳，"赵医生，再会、再会"。从此，销声匿迹，天下太平。这出戏剧化的场景至今还被老一辈的街坊邻居津津乐道。

转眼到了"文革"，因为众所周知的原因，这幅字反而成了赵医生的"污点"和"罪证"。赵医生1968年含冤入狱。十几年后终得平反，回到家已然翻天覆地，自家诊所被"公私合营"，并入附近的公立医院，客堂间的看诊的热闹顿时荡然无存。左邻右舍觉得这番赵家的变故十分可惜，也很冤屈，赵老先生倒是从没有抱怨过什么，平日里话虽很少，但总是和和气气、慢条斯理。赵医生康健时，时常相帮双职工们通通煤炉、倒倒垃圾，调解调解邻里矛盾，是14号无可争议的大家长。他目睹了14号里面的人口越来越多，见证了第二代的成长，然后是第三代、第四代慢慢长大，不禁感叹时代变迁。

再会了，赵医生。

| 赵家 |

赵医生的老家在高桥西街上，一栋三进的绞圈房子，在集镇上是绝对的大户人家、书香门第。赵医生的两个儿子出生后，便送回高桥老家教养了。原来，绞圈房子的门前流淌着一条通往黄浦江的小河滨。随着集镇人口集聚，小河滨淤塞了，被填筑成道路，赵家人认为这是家运衰落的先兆，很不凑巧的是，赵宅随即遭遇了一场大火，由于赵家人性格耿直，不愿意给镇上的消防队塞钱，大火整整烧了一整夜。当然，这些都是解放前的事情了。

老宅被一场大火夷为平地，一大家子不得不各奔东西。赵医生无奈，便把儿子们接到道达里同住。这是两个兄弟出生后第一次与父母共同生活。也是从这个时候开始，赵医生的太太开始常住14号。女邻居们都非常羡慕赵家姆妈的皮肤，提起来都会用"雪雪白"来形容。在没有面膜的时代，老太太把蛋清薄薄地敷在脸上，算是旧时的美容秘诀。她每天天蒙蒙亮就起床了，把自己梳洗得清清爽爽，端把藤椅静静地坐在天井里翻读圣经，然后去大门口拿当天的报纸。每周三下午是姐妹会，聚在天井里围坐着，唱颂赞歌，然后教友们依次讲圣经故事"大卫王加冕""五饼二鱼""雅各、以扫和约瑟"……这时候，邻居小朋友们也会聚拢过来，安静地听着，尽管一时间不能理解，只觉着好听。此刻，整个楼洋溢着圣洁的欢乐。周末，老太太自己慢悠悠地踱去西藏路上的沐恩堂做礼拜，风雨无阻。

上海早餐"四大金刚"。摄影：沈璐，摄于 2023 年 7 月

曾经热闹的灶披间。摄影：俞兵，摄于 2021 年 8 月

按照本地人的叫法，外人叫赵家的大儿子"阿大"（上海话念成 dha）。跟着那个时代的同龄人一道，阿大念完初中就去了新疆支边，在那里，遇到了后来的妻子。非常凑巧的是，阿大妻子的娘家也住在新昌路上，靠近苏州河那头，他乡遇故知，就这样熟络起来。夫妻俩的一双儿女都是在新疆出生的，大女儿一直待在新疆跟在身边；小儿子出生后，爷爷奶奶不舍得，早早接回了上海，80年代初，一家四口才在上海重新团聚，生活在一起。

阿大妻子在退休前，一直在国营的点心店工作，弄堂里的小孩都喜欢她，叫伊"大妈妈"。大妈妈说一口硬邦邦的宁波上海话。都道是上海的早餐"四大金刚"——大饼、油条、粢饭、豆浆，但上海家庭餐桌上远远不止这几项。大妈妈就很会做各式海派点心，常常穿一身白色工作衣，手上满是稀松的面粉，挥舞起来像一场雾白色的雨。小孩子们巴巴地看她捏烧麦、做花卷，当蒸锅边沿升腾起白烟，随之而来是细面加热后天然的奶香。

最后一次站在灶披间里，记忆中的香味奇妙地晕染开了种种回忆，浓得化不开。

| 公私合营 |

在《中国共产党的九十年》中卷"社会主义革命和建设时期"里，有一段对"公私合营"的论述："1956年在中国大陆，对生产资料私有制的社会主义改造取得了决定性的胜利，这标志着公有制占绝对优势的社会主义经济制度在我国初步建立起来。"政策有多理性，个体的生计就有多感性。

20世纪50年代初，劳动保险医疗制度和公费医疗预防制度实施后，医疗保健需求激增。1952-1956年，教会医院和私立医院先后被接管、改制，不少私人诊所的医生纷纷筹组联合诊所或参加联合劳工保健站、企业医务室工作。1954年，政务院通过《公私合营工业企业暂行条例》，条例规定"对资本主义企业实行公私合营，应当根据国家的需要、企业改造的可能和资本家的自愿。合营企业中，社会主义成份居领导地位，私人股份的合法权益受到保护。"

1956年初，全国范围出现社会主义改造高潮，资本主义工商业实现了全行业公私合营。国家对资本主义私股的赎买改行"定息制度"，统一规定年息五厘。生产资料由国家统一调配使用，资本家除定息外，不再以资本家身份行使权力，并在劳动中逐步改造为自食其力的劳动者。1966年9月，定息年限期满，公私合营企业最终转变为社会主义全民所有制。

上海的私人诊所大多是在这个阶段完成了全行业公私合营。赵医生的诊所，以及后文要提到的沈家的诊所包括药厂，都是在这

天井。摄影：席子，摄于 2016 年 6 月

个时期并入了联合诊所。1957 年 3 月，国家推行分级分工、就近就医的医疗保障办法，嗣后又发展为按市、区、基层三级组成的医疗防治网。根据《黄浦区志》记载，1958 年，当时的黄浦区共有 8 个联合诊所，北京东路就有一个，附近的私人诊所都并入了北京东路联合诊所。

赵医生从"居家办公"变成走路上下班的"上班族"，客堂间冷寂了下来。1960 年，如今浦东新区沿江部分区域并给黄浦区，联合诊所也改名为"街道医院"。为了加强浦东的医疗卫生力量，常有浦西的医生调配到浦东看诊。因为赵医生经验丰富，可以独当一面，平反出狱后便被分配到塘桥街道医院，在西医内科工作。赵医生服从组织安排，去浦东上班，天天骑自行车搭乘塘董线轮渡，风里来雨里去，从董家渡上船到塘桥渡口下来。想来，黄浦江上吹着的风，在当年赵医生眼里未必浪漫吧。

"文革"前夕，黄浦区联合医疗机构管理委员会成立，实行统一管理，各街道医院一律改称"地段医院"。因为赵医生工作的关系，为了方便照顾，小儿子便搬到了塘桥居住至今；大儿子 80 年代初支疆回沪后，"顶替"了父亲在塘桥地段医院的名额，成为一名医院会计，直到退休。如今，地段医院的叫法又一次改变了，成了"社区卫生服务中心"。毕竟，"社区"是如今更加时髦的词汇。

浪奔，浪流，普通人总在不经意间遇到自己的人生转折点。赵家前后两代人，就像历史洪流中的小浪花，来不及细想，已化作时光泡沫。

宋家姆妈

　　话说赵医生年轻时有一位来自香港的好友，解放前来到上海办学，找落脚地的时候，赵医生便邀请他在14号二楼的中厢房居住。搬进来的时候，一同迁入的还有一位优雅的 Miss 宋，当然那时的她还不知道多年以后，老邻居们都接地气地叫伊"宋家姆妈"。调研时，老邻居们说起宋家姆妈时，回忆十分模糊，可见大家与她的交流十分有限，以致身世成谜。下面是属于她的片段。

　　一幢楼里，宋家姆妈是极安静的。20 世纪 80 年代初，是 14号人口最多的时候，上上下下总共 218 平方米的可居住面积，住了老老少少 30 多口人，居住环境十分拥挤，煤卫也是合用的，日常生活难免磕磕碰碰，不时张家长李家短。然而，这些俗务，宋家姆妈是从来不参与的。

　　解放后，直到 80 年代中后期过世，她一直独自一人居住在这里。宋家姆妈与那位校长的关系，以及宋家姆妈是自己姓宋还是校长姓宋，叫什么名字，校长在解放后是回了香港还是流亡海外，他们在有生之年是否还有书信往来，是否得以一见，往事如烟，一概不得而知了。

　　想来从前的日子，道达里 14 号的清晨是 Miss 宋唤醒的。半缕晨光刚刚洒进小天井，Miss 宋穿一袭八成新的磁青薄绸旗袍，踩着一双半高跟搭扣月白皮鞋，轻手轻脚下楼，免得影响到了还在熟睡的邻居，赤褐色的木头地板发出轻微的吱吱声。一楼的灶披间，工人[1]已经把生好的煤球炉子拎进来了，拿几块红砖垫在下面，增加炉子的高度。炉子半封了风口，上面搭着一只小小的铝锅，锅底经过日积月累的烧制已经微微发黑，倒是与锅盖的黑色胶木提纽遥相呼应。

　　Miss 宋从碗橱里取下咖啡罐，里面总放着银白色小量勺。奶咖刚倒进白瓷杯，飘着一点点的咖啡碎渣没有沉下去。这时候刚好有人敲响 14 号的后门，发出木制的"哆哆哆"声。Miss 宋走过去开了门，把一份西式早点心接进来，有时候是德大的栗子蛋糕，有时候是凯司令的牛利，最多的时候要算老大昌忌司条，甜中带一点点咸，吃不腻的。西点跟奶咖一道盛在托盘里，笃悠悠上了二楼厢房。此时，太阳完全升起来了，14 号的一天开始了。

❋　　1.旧时劳工，从事基础服务工作，比如人力车、生煤炉、洗马桶等。

| 尊德里 |

说到这里，需要略略顿一顿，先说两句尊德里，才好继续讲明白道达里的往事。尊德里的前门开在厦门路 136 弄上，后门出去就是苏州河，东边靠着浙江路桥，是一处闹中取静的好地方。浙江路桥与外白渡桥是名副其实的"姊妹桥"，不仅建成年份接近（1906 年与 1908 年），而且从结构上都属于鱼腹式简支钢桁架桥，运用了当时先进的桥梁结构和技术。在尊德里后门口的两侧，沿着苏州河岸，并肩排列着各大银行的银库、货栈、仓库，如上海东莱银行货栈和交通银行仓库。

遥想 1930 年，刚刚造好的、簇簇新的石库门房子迎来了它第一批主人。祖籍宁波的蔡家买下了 3 号，创建了仁生呢绒号，蔡家兄弟姊妹四人搬到二楼和三楼居住，倚云是二妹妹，也是蔡家唯一的女儿。几乎同时，来自湖州的沈信甫医生完成了石氏伤科的研习，租下 42A 开起了私人诊所，二楼是自家的配药工坊。同时购置了 60 号安置家人，沈家太太把三楼改成佛堂。

由于"文革"的原因，沈家人对沈信甫医生的生平讳莫如深，以至于第四代的小辈们只能从网络上获取祖辈的只言片语，百度百科上是这样记载的：

沈信甫（1898—1964）字秉伦，吴兴（今湖州）人。继承父黼卿医术，行医于湖州一带。30 年代移居上海，建国后任职于黄浦

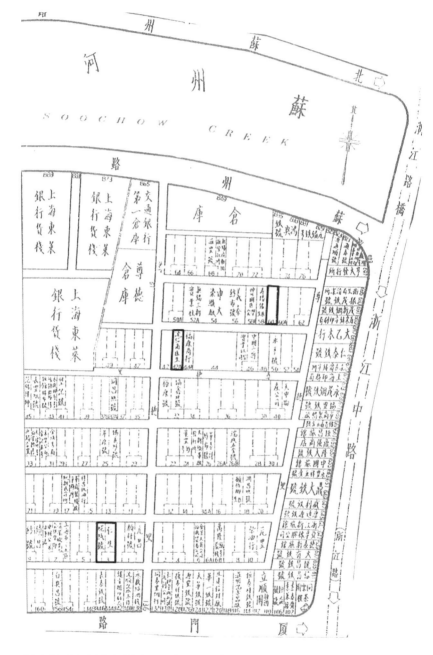

《上海市行号路图录》中的尊德里，红色框标注的分别是 3 号蔡家、42A 和 60 号沈家

区中心医院。早年为内外科，尤擅治痃癖，后期以治内科杂病见长。精研古今名家医案，殚精竭思，汇诸家之长，以对原文如此为务。

在1996年出版的《黄浦区志》第三十六编中记载道：

19世纪50年代后期开始，境内浦西地区是中医集中，名医辈出之地，如……沈信甫等都是名播全沪的中医生。

苏州河、浙江路桥、尊德里和银行仓库。图片来源于网络，摄于：20世纪30年代

由于生活习惯和兴趣爱好相似，从湖州来的沈家太太与从宁波来的蔡家姆妈很是谈得来，很快成了好闺蜜，午后一块儿叫上三五好友搓搓小麻将，家中的小一辈自然也就熟络起来，放学后的玩耍和作业时间几乎就是黏在一起的。

沈家四子家政与蔡家小姐倚云年纪相仿，兴趣也很是相投。放了学，顺道拎一小盒凯司令西点回来，一起坐在客堂间里下午茶，等到太阳下山，挪到天井里，取出湃在井里的瓜果，边吃边谈，聊到天黑开灯才各自回家。同在一条弄堂里，常常这位送到门口，那位又给送回来，来来回回才依依不舍地上楼。两人的婚事刚好碰到新中国成立，婚后为了事业，小夫妻俩去往青岛居住多年，生下了沈家的长孙，也是两人的独生子。那个时代，大家族中独生子是非常少见的，是块宝贝疙瘩，在沈家太太的强烈要求下，送回尊德里亲自教养。

沈家五子家番是很老实本分的一个人。他的太太也姓沈，恰好是本家，两人性格却大相径庭。五太太生得时髦，烫着大波浪头发，束身旗袍，流苏披肩，一双细高跟、尖头皮鞋，踩得弄堂的石板路发出金属质感的"呛呛"声，是上海人口中典型的"白相宁"。五太太每天进门、出门，都能闹出些动静来，整条弄堂无人不知、无人不晓，引来无数闲话，本尊倒也不在乎，一直我行我素。

为了顾全家族颜面，沈医生与太太商量，把五子一房迁出尊德里，让他们自立门户。因为沈家太太是湖州人，找房子的时候便来寻自己的远方亲戚——住在道达里的赵家姆妈商量。那时候，道达里14号三楼的房间还空着，沈医生便自掏腰包，拿四根"小黄鱼"长租了下来，简单装修了下，让给小儿子一家住。

沈家全家福，前排右起：沈信甫医生、沈家太太（怀里抱着长孙）；后排右起：三子家础、长子家基、四子家政、五子家番、小女儿樱樱、四媳蔡家小姐、长媳。摄影：王开照相馆，摄于 1953 年

　　解放前，上海滩实物黄金中的"大黄鱼" 价值 10 两，因为过于贵重，中央造币厂便生产了一两重的"小黄鱼"。众所周知，在使用公制之前，中国旧制一斤为 16 两，因此，当时的一两金条，相当于今天度量单位的 31.25 克，价值 30~40 个大洋，每个大洋差不多价值现在人民币 230 元左右。折算起来，道达里三层 17 平方米的小屋子当时长租的价格在 3.5 万元左右。沈医生有时为了看望小儿子，从尊德里步行半个多小时，来到道达里，再热的天也是绸缎的长衫长裤，大汗也不出的，清清爽爽。

"文革"给沈家和蔡家的打击都是毁灭性的。尽管沈信甫医生在"文革"前就过世了，但沈家还是因为出身问题没能逃过这场浩劫。长子和三子先后回了湖州原籍，沈家老太太和四子相继过世，小女儿远嫁日本。

1977年长孙结婚，作为母亲的倚云小姐只身回到上海料理家事。与宗族商量后，打算把道达里14号三楼腾出来，给长孙当婚房，五子一家其他人搬回尊德里60号前楼居住，这一房的子孙至今还住在这里。

在"旧改"浪潮下，尊德里也被刷上了"拆"的大红字，两个家族近一个世纪的幕布彻底落下了。

尊德里的前门门头。摄影：沈璐，摄于 2020 年 12 月

尊德里 3 号蔡家。摄影：沈璐，摄于 2020 年 12 月

尊德里后门开在南苏州河路上，正对着苏州河。摄影：沈璐，摄于 2020 年 12 月

几乎在"文革"结束的同时,也是一个深秋,一个崭新的小家庭在 14 号三楼组建起来了。三年后,两人世界变成了三口之家。双职工与小书包的生活忙碌而紧凑。

小书包的学校在南市区,从位于黄浦区的家去上学,要横穿卢湾区。没想到多年以后,三区合并,变成一个区了。读小学的时候,小书包坐在妈妈的自行车书包架上,那时候妈妈的背影是高大的、坚强的,也是严厉的,小书包坐在自行车上还要背诵课文。等大一些,小书包便自己搭乘 18 路公交车去上学,但两头都得走好远。

因此,一上初中,小书包就自己独立骑自行车上下学了。每天早上,迎着朝阳穿越人民广场,高挺的路灯就像一排整齐的士兵、两侧对称的庄严建筑犹如检阅台,一路骑在宽阔的道路上,不禁有种阅兵的错觉。从初中到高中,小书包见证了大剧院、明天广场、规划展示馆的建设,感受到了"一年一个样、三年大变样"的城市腾飞。

下午放学,小书包骑着 26 吋凤凰牌女士自行车,回到家赶紧做功课,心里面却想着,吃饭的时候可以在电视上看一集圣斗士星矢,记挂着今天紫龙的眼睛有没有痊愈,雅典娜能不能醒过来。在没有网络的年代,这 20 分钟无疑是每天的高光时刻、一整天的期盼。

晚上吃完饭,一家三口围坐在桌边。因为房间小,方桌的一边紧贴着墙,三个人一人占一边,父亲看报纸、母亲读医书,小书包

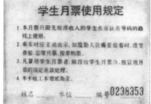

上海市公共交通学生
月票。摄影：沈为廉，
摄于 1992 年

做功课的小书包，书桌
也是餐桌。摄影：沈为
廉，摄于 1990 年

继续着没有写完的作业。老房子的隔音效果普遍比较差，房间里传进来隔壁人家放连续剧微弱的声响。小书包竖起耳朵，想知道是哪部电视连续剧放到哪一集了，手里的笔便不听使唤了。这时就会传来妈妈严厉的教训。

　　一家人最怕老师留作文题。作文是小书包的短板，尤其是记叙文，常常冥思苦想一晚上，咬牙凑出一些文字，然而大概率还会被老师批"假大空"。小孩子的经历单薄，很难对指定题材发表自己的真情实感。在所有科目中小书包最喜欢英文了，晚饭前，趁天还亮着，便在晒台上假装上课，在木头门板上用粉笔写板书，那些高高低低的公共水龙头就是排排坐的学生，"侬似 Lucy，旁边 Emily，唉唉，坐在后头额 Patrick，认真听讲。"

好不容易熬到周末，那时只放一天假，一早就爬起来，全家搞卫生，烧热水，把家里所有的热水瓶都灌满，心急忙慌地把铝制浴盆从墙上拿下来，浴罩拿衣架撑起来挂在灶披间顶上，整个房间都洋溢着上海牌硫磺皂和蒸汽混合的香味。等一等，为什么是灶披间？嗯，没写错，是灶披间，从前的空间哪一处不是每一寸都用到极致的。

全家人洗完澡，便是齐心协力洗衣服。一个星期的脏衣服，加上要换洗的床单、床罩、枕套，先在波轮洗衣机里洗好，湿哒哒地拎出来，放进脱水机里，程序十分繁琐。而这一切都是发生在露天阳台上，天气暖和还好，要是冬天，北风呼啸，湿冷的天气和湿冷的衣物，手上和脚趾上会长满红彤彤的冻疮，晚上窝在热被窝里就发痒。

再见了，那些美好的和不那么美好的时光。再见了，陪伴我们成长的的螺蛳壳。

三楼的晒台搭建、自行搭建的灶披间和公用水斗。摄影：许明，摄于 2020 年 8 月

| 俞 家 |

1950 年 10 月，中国人民志愿军赴朝作战，拉开了抗美援朝战争的序幕。1958 年，志愿军全部撤回中国。俞家伯伯就跟着最后一批复员军人回到上海。因为缺少学历和一技之长，分配进入黄浦区一家街道工厂工作。身在湖州老家的媳妇此时来到上海团聚，便与湖州远亲赵家老太太商量，把 14 号一楼半的亭子间借给他们住，双亭子间中间隔墙打开一道门，西侧亭子间作为浴室和起居室，东侧那间当做卧室。

亭台楼阁本来是中式古典园林的装饰性建筑。亭子间名称虽雅，实际上是整幢石库门房子里居住条件最差的一间，真正体现了上海人的冷幽默，正房朝南，亭子间正好朝北，夏天的西晒和冬天的西北风正好对准了它。

亭子间门外是黑乎乎的楼梯间。在这个不到一平方米的转角，俞家还占掉了半个平方，悬空打个吊橱，下方再放只铁架子，堆放些杂物。每次跑上楼梯时，总要在这迅速刹车，屏气凝神，仔细头不要撞到吊橱，也要小心脚指头不要踢倒铁架子。

1960 年前后，俞家连续添了三个孩子，取名非常具有年代感：大女儿阿明、大儿子阿兵和二女儿阿红。俞家姆妈是家庭主妇，一家五口的家务事都落在她一个人肩上，人又生得矮小，略略佝偻着，成日里忙东忙西，脸上挂着生命不能承受之重的表情。

在滚筒洗衣机成为标配，大多还有烘干机配套的今天，人们是不能想象当年的家庭主妇是如何与脏衣服"作斗争"的。在邻居们的印象里，俞家姆妈的手一直是湿嗒嗒的，有事没事总坐在搓衣板前，面前一盆看不清颜色的洗衣水和冒出水面的衣服小山。晒台上总是挂着俞家的各种衣物，如果哪家正好在俞家姆妈晾衣服的当口热油锅炒菜，会遭遇迅速甩过来的白眼和持久的"冷战"。宋家姆妈常常背地里揶揄道："反正太阳是不要钱的。"劳碌一世的俞家姆妈与闲适一世的宋家姆妈，不知道她们在天堂相遇时，是否会相视一笑泯恩仇。

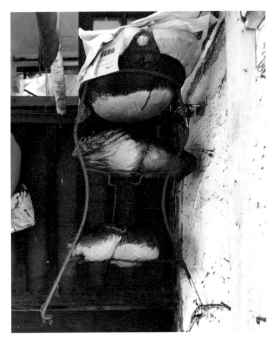

老房子的角角落落都被利用起来，楼梯间上方的空间也利用起来，不用的铁锅、各家园的粮油米面等等都挂起来。摄影：沈璐，摄于 2020 年 8 月

| 俞医生与陆老师 |

　　住在在二楼东厢房的恰巧也姓俞，不过跟亭子间的俞家并没有亲属关系。俞医生退休前是一名外科医生，在黄浦区中心医院工作。同科室的卫医生，是尊德里沈信甫医生的徒弟兼药工，因为承袭了石氏伤科，成为非物质文化遗产的传承人。这就是道达里的缘分，虽然大家来自天南海北，但总会在某个节点上凑巧产生出一些机缘。

　　俞医生因为晚上要接急诊电话，所以在进门的墙上装了一个挂壁式的拨号电话，成为14号第一个装上电话的人家。俞医生的夫人，大家都叫她陆老师，是上海外国语大学的英文老师，小书包的英文名字还是陆老师取的。20世纪80年代改革开放初期，国际交往还不是那么频繁，陆老师就带着来中国交流的外国老师到家里做客。那时候道达里还没有通煤气，家家门口一只煤球炉，陆老师腰不好，底下垫了好多砖块，炉子垫得高高的，活脱脱一只小型灯塔，外国人见到感觉十分新奇，围着炉子一顿叽叽喳喳。

　　俞医生和陆老师的女儿取了Angela的英文名，中文名唤作安琪，儿子从了"安"字辈，叫安伟，体现了上海人"中西合璧"的取名方式。二楼东厢房是完全朝南的，采光非常好，冬日中午的阳光几乎可以洒满整个房间。周末早晨，俞医生先拿摩卡壶，在煤球炉上煮一壶咖啡，一家人喝着清咖，晒晒太阳，围坐在南窗前的小方桌上，各自看书、看报、写字。俞家人有一个有趣的约定：周末谁先嚷饿，谁去做饭。安琪和安伟虽然饿，但因为不想去做饭，便一直忍着，就是不说。两个大人早就看出来了，故意绷着，直到陆老师实在看不下去了，去开炉子做 Brunch。

大学毕业后，安琪去了澳洲定居，一直没有回上海。安伟留在父母身边，毕业后在电力公司上班。2000 年左右，俞医生医院增配了一间新房子，搬到虹口去了。14 号里的这间房子又分配给了黄浦区中心医院的另一个医生，前后住了 10 年，也搬走了。后来据说房子"卖"给了一个画家，因为全当做投资的，从来没有在这里住过。

这两扇门后面住着半世纪的"冤家"，左边是俞医生和陆老师家，右边是杨家，两扇门之间原本挂着拨号电话，如今不知所踪了。摄影：沈璐，摄于 2020 年 8 月

| 杨家 |

　　俞医生的隔壁人家姓杨，是"文革"时候"冲进"14号的。这种现象在"文革"时期是很普遍的，造反派冲进"成分"有问题的人家，拖家带口，强行住下来。当时赵医生已经去劳教了，杨家便在前楼定居了下来。等到赵医生出狱，强占已经变成"既成事实"。

东厢房俞家。绘图：乔艺。摄影：许一帆，摄于2022年8月

这栋楼的第一代住户总觉得杨家人是彻彻底底的"无产阶级"。这个词放在从前，那可是百分百的褒义，代表着极好的成分，享有很高的社会地位。

　　杨家"老头子"是道达里这片房管所的，在自家房间做了"满搭阁楼"便也成了"理所当然"，还堂而皇之地计入了产证，高度在 1.2 米以上部分算了百分百的面积，这在当时的邻里间产生了龃龉。所以 2020 年拆迁的时候，邻居们又说起了这段往事。不过当事人已经不在了，也就点到即止了。

前楼杨家的阁楼。绘图：乔艺。摄影：许一帆，摄于 2022 年 8 月

杨家姆妈，身材浑圆，显得很富态。住进14号后，马上找到了"对标"——宋家姆妈。自己做了几身旗袍，面料未必考究，但花色要艳，不时拿出来穿一穿，弯腰封煤球炉时，腰头总是鼓出来一块。下午闲下来也弄杯奶咖切切[1]，白面包片上要抹上厚厚一层白脱油。

后来市面上有了速溶咖啡，马上转投三合一的怀抱。宋家姆妈看在眼里倒也没有说什么，眼神有点出卖了小心思："咖啡又伐似麦乳精，调一调算啥啦。"

杨家的子女众多，婚后大都搬出去住了，只有小儿子和小儿媳妇一直跟着父母住。小儿子在某个美术馆工作，杨家姆妈口中"阿拉倪子似画家"（我儿子是画家）大概就是这样来的，毕竟住了几十年的老邻居们，从来没见这位画家摆弄过什么干的、湿的。"画家"的妻子是黄浦区卫生防疫站的护士，不管怎么样都是医疗系统的，算是与14号里的主流有了一点点的关联。

❀　　1. 即吃吃喝喝。

中厢房宋家。绘图：乔艺。摄影：许一帆，摄于 2022 年 8 月

　　前文提到过，一楼的前厢房也是在"文革"期间被"冲进来"的，从此不再属于赵家，文革后成为新华医院分配给自家医生的福利房。第一任住进来的是方医生，很安静的知识分子家庭，带着两个女儿。20世纪80年代初，那时还是烧煤球的年月，单位增配了有独立煤卫的新房子便搬出去了。

　　新搬进来的也还是新华医院的医生，标标准准的一家三口。男主人顾医生倒是跟谁都很和气；女主人长相高冷，为人就只剩下"冷"了。前厢房紧靠着客堂间，后者今时不同往日，黄金荣的匾额是早就当柴桦烧掉了，坏掉了的老红木家具随意地堆放在角落里，蓬头垢面。除此之外，还有各家的自行车并排放着。80年代一幢房子30几号人，能有近20辆自行车，大都是永久或是凤凰的，18吋、26吋、28吋，男式的、女士的，五花八门混杂在一起。顾家阿姨嫌车多，挤占了过道，把车子使劲往里边推，斜着靠在一起，不是你的脚踏板穿在他的轮子钢丝里，就是他的书报架挂进我的车把，像一把撒乱的游戏棒，找不到头绪。早上急吼吼上班的人们看到这样的场景，急红了眼，但也不及争吵，忙着拎出自己的车，急急地跨上车，汇入北京西路上自行车的洪流。

　　不知道从什么时候开始，上海变得越来越大，地铁和公交也越来越方便，人们开始不骑自行车了。有一年夏天，楼上楼下的邻居一起打扫了一众"僵尸车"，客堂间又空出来了。顾医生一家也搬走了。不知又经历了多少年月，顾医生的一个远亲把前厢房盘下来出租，租客开了棋牌室，客堂两桌、天井两桌。整天整日"哗啦哗啦"，当地的警察也是常年接到投诉，尽管出警，但也拿他们没有办法，走了一样摆上。建筑空间与建筑功能的反向迭代，有时候是不以任何人的意志为转移的。

通往客堂间。摄影：俞兵，摄于 2019 年夏

| 灶披间与隔间 |

　　14 号里最后两间，也是最小的两间房间。一楼后门进去，原本是一大间灶披间，"文革"期间一"隔"为二，一半是公共厨房，一半成为黄浦区公安分局的福利房。跟前厢房有点类似，灶披间的居住史也经历了三个阶段。第一代是陈家姆妈一家，陈家伯伯跟他们家儿子都是分局警察，一家子正气凛然。陈家姆妈是典型的江南地区特别勤劳的劳动妇女，尽管搬进充满"靡靡之音"的 14 号，依旧保持本色，青布衫、阔腿裤、齐耳的短发，寡言少语。保持干净——是她的人生信条，一年 365 天，坚持每天擦两次灰、扫两次地、拖两次地，还顺便把公共厨房和楼梯间[1] 拖干净，但屋里和公共部位必须分开两把拖把的！因而在"我家的擦地布肯定比别家揩台布还要干净"，这个观点上与小书包妈妈，不谋而合。

　　第二代住客也是分局工作的，碰巧也姓陈。住了不久，他就把房间转租出去了。第三代租客开起了棋牌室，房间里头永远是三桌，牌友看客满满当当的人，蓝色和绿色的麻将在一圈又一圈中交替上场，外面的公共厨房里用大锅煮着给赌徒供应的餐食。从本分的警

---

　　1. 楼梯间的南侧是客堂、北侧是灶披间、东西两侧的小天井是整幢楼的交通枢纽，道达里 14 号楼梯间的下面是供整栋楼使用的厕所，从建成开始就已使用抽水马桶。是否拥有安装了抽水马桶的独立卫生设施，成为区分新里和旧里的重要标志。

务人员之家，到三教九流、藏污纳垢的所在，真真再也没有什么比这个更戏剧化、更上海的生活剧目了。

在中厢房和前厢房之间，有一处只有 8 平方米的小隔间，房间的主人是在远洋轮上工作的徐水手。已经没有人能够回忆出来，是什么时候、因着什么事情隔出的小房间，又是怎么转到了徐水手的手上。总之徐水手从来没有来住过，长租给了牛老板一家，这是一对山东夫妇，在黄河路上租了小铺面，要不是房子要拆了，他们本打算把女儿接到上海来。

至此，"72 家房客"皆已出场，从下一章开始，上演他们之间的几幕"对手戏"。往小的说，不过是纷纷扰扰、家长里短的生活剧；往大里说，可不就是反映我国国民经济和社会发展的历史大戏。

二楼通往晒台的楼梯间。摄影：许一帆，摄于 2022 年 8 月

扶手上的钉子是用来挂雨伞的。屋子小，湿哒哒的雨伞就不要占用室内空间了。摄影：许一帆，摄于 2022 年 8 月

一楼楼梯间。摄影：许一帆，摄于 2022 年 8 月

太平弄。摄影：许一帆，摄于 2022 年 8 月

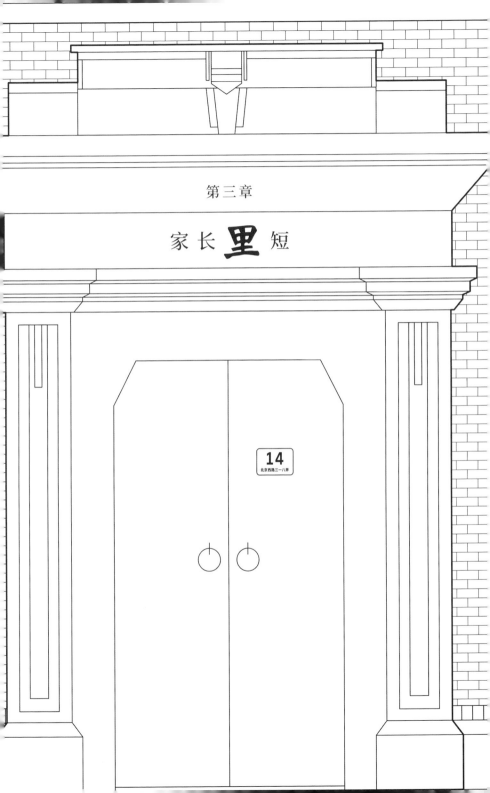

第三章

家长里短

14
北京西路三一八弄

大火表与小火表

现在的人要听伐（不）懂了，火表还有大小之分？也就在 30 年前，在煤卫不独用的石库门里，"上旬抄火表、中旬煤气表、下旬抄水表"，是邻里间日常的一件烦心琐事。

上海"言话"里[1]，电表俗称"火表"，伐晓得是不是因为当时火力发电的缘故。14 号的大火表就装在一楼半的楼梯转角处，亭子间的房门口，黑色的长方体珐琅外壳，面上镶了厚厚的玻璃，就像高度近视眼镜，里面银色的表盘缓慢而永恒地旋转着，充满工业复古风的味道，跟俞医生家门口那只挂壁电话倒是很搭调。

大火表记录着一幢楼用电量的总和，每个月电力公司工作人员用粉笔把火表读数抄在楼梯口，负责抄表的家庭代表逐月记在一本专门的黑色硬面抄上，以户为单位，分摊成每家人家的读数和费用。一个季度轮换一家抄表人家，有点轮流管理、相互监督的意思。

每每到抄表的时候，大家心里便会浮现过往一个月不舒服的记忆：宋家姆妈只有一个人，晚上睡得早，早早灭了灯；杨家两个大人、四个孩子，晚上还打闹到很晚，一直点着灯呢。还有公共部分的电灯，都有包干，要是关得早了，晚归的人黑灯瞎火，一阵叮叮铛铛，不知撞翻了什么，不禁要说上两句；关得晚了，第二天早上又要被老人一顿说，白白地走掉了多少度电。

1. 即"上海话"

位于一楼半楼梯口的小火表。很可惜的是，第一代黑色珐琅外壳的火表已经看不到了。摄影：沈璐，摄于 2020 年 8 月

三楼晒台上分属
各家的水龙头和
小水表。摄影:
沈璐,摄于 2020
年 8 月

水龙头和小水表。
摄影:仇月,摄
于 2023 年 6 月

20 世纪 80 年代末，开始有些小火表入户了，这样一来计算自家用的电量更加精确。家家各显神通，削尖了脑袋想办法装上一只。俞医生家是 14 号第一个装上小火表的，高高地挂在大火表边上的墙面上。小书包家也想装一只，便与俞医生的儿子安伟商量。安伟那时在电力公司上班，作为员工福利，可以装一只小火表，他就把这个"额度"让给了小书包一家。尽管使用人变化了，账单上却还是保留着"俞安伟"的名字，一直持续到房子动迁才做了销户。这种不对应的现象在石库门老房子里是很常见的。

水表是类似的情状，也分大小水表，有的人家为了防着邻居用自己的水，还在龙头上套了麦乳精罐头，罐口焊一个搭扣，装一把挂锁。有时候下楼用水，忘记拿开锁的小钥匙，偷偷用隔壁的水龙头放些水。往往就是这么凑巧，被水龙头的主人逮个正着，免不了数落两句，只能悻悻认错。

俱往矣，房子清空的时候，留下一排排的电表和层层叠叠的水龙头，告别它们的旧主人，无奈地面对自己必经的命运。

| 煤球炉子 |

小时候读《红楼梦》，香菱跟着黛玉学作诗，道是"我看他《塞上》一首，那一联云：'大漠孤烟直，长河落日圆'，想来烟如何直？日自然是圆的，这'直'字似无理，'圆'字似太俗。合上书一想，倒像是见了这景的。"黛玉解释道："这'上孤烟'还是套了前人的来，'暖暖远人村，依依墟里烟'更淡、更现成，'上'字是从'依依'两个字上化出来的。"每每读到这里，眼前竟出现的竟是道达里生煤炉时候，家家户户升起的袅袅炊烟。

双职工的家庭，早上起来要赶着上班，是没有时间生煤炉的，只有傍晚下班后才有整段的操作时间。把冷的煤球炉子拎到弄堂里，这时候已经能看到一众邻居，齐刷刷地弯着腰，认真地操作着一只只小小的炉子。生炉子先要把隔夜的炉灰掏尽，将未燃尽的煤球搓一下，留下小小的黑黑的煤核铺在炉底，用自来火点燃报纸，引燃刨花或小柴梵，同时用蒲扇轻扇，往往不舍得用好扇子，拿出有年头的破得有缝的扇子。等到炉子渐渐冒出浓烟，再加稍大柴梵。此时，用火钳夹着九孔圆柱形的煤球，小心翼翼地一个个送进炉膛。敲黑板划重点：上下三只煤球的洞眼一定要对齐，方便拔风。这时要不间断地拿蒲扇对着炉门"啪嗒啪嗒"扇——炉膛内蹿出浓烟时，千万不要站下风头，不然晚上就不得不洗头了——而这又是老房子生活不便之处。直到炉膛内发出火光，传来"噼噼啪啪"的声响，这说明大柴梵被点燃了，火苗也蹿了上来，直至煤球灼烧成暗红色，才意味着生炉成功，这个阶段一定要保持耐心。待到烟雾渐渐散尽，煤球烧红，炉子也就生好了。把炉子拎回灶披间，便可以开始烧晚饭了。

晚上是要"封炉子"的，保存火种，那样早上起来就不用再生。临睡前，炉子内加满煤球，紧关炉门，炉口上盖一块专用圆铁饼，中间捅个小洞通风，再压上一"铜吊"（水壶）的水。次日晨，炉上冒着滚烫白汽的水，一部分倒出来，呛（掺）点冷水来刷牙、揩面（洗脸），另一部分泡上隔夜的冷饭，切几片酱瓜、榨菜，再点几滴麻油，就是一家人的美味早餐了。

20 世纪 90 年代初，煤球炉子逐渐被"消灭"，煤气灶登上历史舞台。不用生炉子的日子，没有了袅袅炊烟的弄堂，却也少了许多的烟火气。

煤球炉和蜂窝煤勾起多少人的童年回忆。摄影：赵世英，摄于 1987 年左右

| 无线电 |

1923 年，无线电收音机传入上海，上海人开始听无线电的时间与欧洲几乎是同步的。最初的电台主要播出"中曲"——后来叫沪剧，绍兴戏等。

20 世纪 80、90 年代是电台的黄金时期，白天是老人家听戏，到了傍晚，弄堂里交杂着各种节目——"滑稽王小毛""小喇叭，开始广播啦""单田芳的三国演义、水浒传"……可以说，无线电用听觉打开了上海人的"视野"。

道达里的阿姨们只要是听到邓丽君的歌，手里洗菜的速度都会慢下来，就怕水声干扰了"靡靡之音"；小年轻们的第一首欧美流行音乐一定是来自 87.9 赫兹（中国国际广播电台劲曲调频）；小书包们听见的第一声外国话也是从无线电里。

| 晒台和天井 |

　　住弄堂房子，非但栽不成深林丛树，就是几棵花草也没法种，因为天井里完全铺着水门汀[1]，花草只有种在花盆里。盆里的泥往往是反复地种过几种东西的，养料早被用完，又没处去取肥美的泥土来加入，所以长出叶子来大都瘦小。

　　14 号里的天井，草木最盛时，是赵大夫在照管着，原本想着把水门汀去掉，关切的人提出驳论：泥地容易在梅雨季的时候积水成涝，还会生出蚊虫。赵大夫终究无法下手。

　　晒台上的阳光充足，小书包的爸爸喜欢种植，蔷薇两棵，芍药一株，还有若干小盆常绿植物。植物似乎也能召唤植物，老墙上也钻出新鲜的野草来。

晒台上的植物。摄影：沈璐，摄于 2022 年 8 月

　　❋　　1. 水泥

| 水井和医务室 |

　　道达里3号的前门边上，原来有一口公共水井。夏天，道达里的居民们常常把西瓜放在水桶里沉到井底下"冰镇"起来，到晚上拿上来就是冰凉的"冰镇"西瓜。不过，在20世纪70年代末，井口被永久封闭了。

　　当时弄堂里没有空调，夏日的晚上吹吹"穿堂风"还是凉快的。傍晚时分，拿冷水冲一下水泥地，去一去暑气，拿一把躺椅放在昏暗的路灯下，一个小板凳放半只西瓜，拿铝制的调羹挖着吃。乘凉的大人们总是把中央没有西瓜子的地方让给小孩子吃，还说靠近瓜皮不甜的瓜瓤更加清火。

　　由于3号的前门正对着弄堂口，水井被封掉后，一层改作里弄卫生站，给附近的医患打针和挂水（输液）。14号里赵家大妈妈的女儿，年幼的时候身体弱，经常"光顾"医务室。至今，小姐姐还清晰地记得当时挂水的情形：对小孩子来说，挂水是漫长和无聊的，正巧座位边上有个挂钟，表盘已经发黄了，秒针走起来"哒哒"作响，但就是这个机械声，给了小姐姐力量，随着时间的流逝，困难总会过去，就像这烦人的注射液，总有滴完的时刻。

　　慢慢地，随着社区医院的发展，卫生站的"生意"越来越淡。没有人记得卫生站是在什么时候彻底关闭的。就在2019年夏秋之际，3号的一楼再次热闹起来，"新昌路7号地块黄征四所居民临时接待点"的牌子挂起来了，昭示着道达里的征迁工作正式启动。

道达里 3 号一楼空间用作"新昌路 7 号地块黄征四所居民临时接待点"。摄影：沈璐，摄于
2019 年 9 月

道达里 3 号，征迁完成后，拆迁组的牌子已经摘掉了。摄影：沈璐，摄于 2022 年 2 月

被完全封住的道达里 3 号。摄影：许一帆，摄于 2022 年 7 月

| 照相机与乐口福 |

1991 年 12 月 26 日晚间，受北方强冷空气南下影响，全市普降大雪。次日一早，小书包推开窗，推倒了窗台上积存了一夜的雪。"下雪了！"跟大多数上海人一样，小书包看到积雪的激动溢于言表。可惜，那天是周五要上学。由于当时还没有实行双休日制度，尽管隔天是周六，也还是要上学半天。就在周六的晚上，漆黑的天又下起了大雪，小书包激动得一夜没睡好。

第二天一大早，小书包就醒了，催着爸爸妈妈出门去。爸爸是慢性子，打开橱门，挪开厚厚的一摞书，才把乐口福铁皮罐子取出来，拿小剪子的尖头撬开紧实的罐盖，小心翼翼地取出海鸥牌照相机，罐底还有一卷没拆封的胶卷，慢悠悠地装进照相机后盖中。

一切准备就绪，一家人穿戴整齐，开开心心地出门去了。从道达里往南走，到人民公园只有 400 多米的路。但就在短短 5 分钟的步行时间里，说好的大雪，停了，地上的"积雪"在极短的时间里融化了。一家人找来找去，只见莲花池边亭子的屋檐上还有一些"残雪"。小书包赶紧站好，爸爸拍下了这张珍贵的"雪景照"。

这就是上海的雪。多年以后，小书包在世界上其他城市见到下雪，就会想起 1991 年末的那场"雪"，那是快乐的注脚。

小书包在人民公园莲花池的留影，背景亭子的屋顶上还有残存的积雪。摄影：沈为廉，
摄于 1991 年 12 月 27 日

| 罗宋汤和蟹粉蛋 |

"罗宋"是上海话音译的"Russian",老上海知道,他们是旧俄罗斯贵族,"十月革命"后逃到上海来的。白俄对于上海的餐饮业产生了很大影响——俄菜馆的厨师们大都来自山东,准确地说是胶东一带,早年闯关东时学会了俄式西餐,然后跟着白俄难民来到上海落脚。

宋家姆妈很会做罗宋汤。卷心菜和土豆容易买到,梅林食品厂的番茄酱二角二分一小罐,烧一次用一小罐足够了。唯一的遗憾是买不到牛肉,即使菜场有也要凭票。宋家姆妈就用红肠代替,切成厚厚的长条,吸满汤汁后嚼起来咸鲜带酸甜。

与罗宋汤不同,蟹粉蛋是正宗的上海菜,14号里每个主妇都拿手,风味却各家不同。实际上,蟹粉蛋与蟹没有一点关系,而是在物资匮乏年代的一道创新美味——在炒鸡蛋时稍微炒嫩一点,出锅前加些许香醋,整道菜犹如蟹粉附体,特别下饭。有的人家喜欢把鸡蛋捣碎再下油锅,小书包的妈妈则偏爱有些结块的炒蛋,用她的话说:就像蟹黄一样。上海人的"会过日子"总是带着一些无可奈何的小幽默。

蟹粉蛋。制作：黄慧珠，摄影：沈璐，摄于 2023 年 2 月

罗宋汤。制作：黄慧珠，摄影：沈璐，摄于 2023 年 8 月

| 一步之遥的苏州河 |

从道达里前门出去，沿着新昌路向北走，不出 10 分钟就到了苏州河边，正对着乌镇路桥。赵医生一家刚搬进来的时候，苏州河的水质恶化已经开始了。1928 年，闸北水厂被迫从苏州河下游迁到军工路现址，改以黄浦江为水源。到了 20 世纪 30 年代中期以后，苏州河边开设了大量的工厂和仓库，工厂码头加上公共码头，总数超过百座，水质污染范围已经上溯到了中山西路桥附近。解放后，更是用尽了它的能力，不堪重负。要知道，在小书包刚出生那会儿，苏州河因为污染太过严重，河水黑得像曹素公的墨汁，别说鱼和鸟一点见不着，就连蚊子也无法繁殖。

苏州河大抵可以分成三段，东段连接外滩，多为领事馆、戏院、教会等；中段是河南路桥与恒丰路桥之间，以各类仓库为主，众多的银行抵押品就存在这个地方。原先新昌路走到底、苏州河边上就一东、一西分别坐落着浦东银行第二仓库和中国通商银行第二仓库，改革开放后拆了仓库，建了新桥商务大厦和悦达黄浦河滨大厦两座高层；西段是苏河普陀段，分布了很多轻工业企业，有相当数量是民族企业。据说，当年郭沫若从日本回国，途径上海的时候，望着苏州河两岸的烟囱，写下《笔立山头展望》："巨大的烟囱中，盛开着 20 世纪文明的黑牡丹。"不知道这位大文豪是直抒胸臆，还是暗戳戳的嘲讽。

从道达里看新昌城，摄于 2022 年 8 月

上海市黄浦区人民政府文件

黄府征〔2020〕5号

上海市黄浦区人民政府房屋征收决定

根据《上海市国有土地上房屋征收与补偿实施细则》（上海市人民政府令第71号）规定，经认真研究，现对相关内容作如下通知。

房屋征收范围：黄浦区7号地块，东至地铁线，南至北京西路，西至收藏东路，北至山海关路；新昌路1号地块地块；东至新昌路，南至新闸路，西至青岛路，北至厦门路总面积1012亩。

被征收人、公有房屋承租人如对本征收决定不服，可以在本公告之日起60日内向上海市人民政府申请行政复议，也可以自本公告公布之日起6个月内向人民法院提起行政诉讼。

附：房屋征收补偿方案

上海市黄浦区人民政府房屋征收决定

　　住在道达里，却不知道自己其实距离苏州河一步之遥者大有人在。大家通常空闲时候不会向北走，更别提休憩的时候去苏州河边上逛一逛。新世纪以来，苏州河经过多个阶段的综合整治，有了很大的改观，不仅消除了黑臭，还实现了滨河一线的贯通，连小书包的妈妈——这么挑剔的上海阿姨，晚饭后也会习惯性到河边逛一逛，慢慢走上乌镇路桥，看一看对岸的那片风景。

　　大约在 2005 年，道达里北侧的头康里、三益里、留云寺那片被拆除了，当时叫做黄浦区新昌路聚居区 1、6、7 号开发地块中的第一期项目（6 号地块），距离苏州河仅 200 米，占地大约 10 公顷，取而代之的是新昌城，八栋高层住宅小区，高耸的住宅楼就像一把把锥子深深地扎进这片旧里。但不知道什么缘故，从那时起，这个旧改项目暂停了将近 20 年，终于在把 2019 年走重新启动。遗憾的是，我们对待"旧"的方式，一如 20 年前，没有丁点改变、缺乏更智慧的、更有想象力的方法和手段。

| 地震了 |

20 世纪 80、90 年代，上海及周边地区地震频发。有深刻印象的是 1990 年初和 1996 年末的两次。两次都发生在夜深人静时，一家人躺在床上，能够感觉到明显震感。

很快，弄堂里面人就多了起来。虽然天都蛮冷的，很多人还是披着睡衣，趿着棉拖鞋往人民广场跑。14 号里的人出奇地淡定，因为赵大夫平常跟大家讲，木头结构的房子牢靠；混凝土的地基结实，砖与木的墙和柱是与旁边的房子连在一起的，虽然日常看起来柔弱，但是在震动中却饱含韧性，不容易倾倒。

就这样，14 号安静的在睡梦中度过一次次的地震，练就了"大心脏"。

在道达里片区征迁的过程中，随着房屋表皮的拆除，偶然暴露出来年代更为久远的旧招牌，它们往往是手写的，甚至是残缺、模糊的。旧时的店名和招牌重新显露出来，携带着抹不去的时代印记，以朴拙亲切的手写痕迹，永久地停留在历史的某个瞬间。城市文字将城市的时间属性层叠起来，置于城市空间中。文字定义了一片地域的不同阶段，既标注了过渡阶段，也超越了历史线性。

对于城市的感知，由曾经的邻近单位和集体生活面貌开始，变成了一张巨大的网，将各个点线上的城市元素拼合起来。包括城市文字在内的城市符号系统，呈现出拼贴互涉的后现代样貌，对城市共同体的认知也因此变得流动、分散，甚至无关紧要。城市隐字令我们的身份认知既复杂又稀薄，令我们同时属于，又不属于这座城市。

"长丰粮油食品商店"的隐字，北京西路街面房子的初步拆除后，隐字显露出来。摄影：许一帆，摄于 2022 年 2 月

仅门头上"兰桂芬芳"题字——即将成为历史符号的城市文字。摄影：赵叶，摄于 2020 年 11 月

仅门头上为"陇西里"的字样逐渐消退——即将成为历史符号的城市文字。摄影：赵叶，
摄于 2020 年 11 月

山海关路上"店"的隐字，我们已经无从知晓，这里曾是什么"店"。摄影：沈璐，摄于 2022 年 8 月

　　在访谈过程中，意外收获了一件"宝贝"。这是尊德里沈信甫医生的一张手稿复印件，孙辈从拍卖行拍回。1955 年，沈医生为上海政协建议了若干自学的方法。无论是行文逻辑，还是措辞方式，阅读起来都极度舒适，字迹隽秀、言简意赅、逻辑严密。

沈信甫医生的手稿复印件。提供者：德本（本名：沈为荣，又名：沈培德）

报　告

一九五五年元月十二日

事由：提供自学方法报请参考由

一、案奉你会本年一月八日关于"征求自学方法和经验"的通知自应办理

二、为进一步搞好学习，提高同志们的政治水平，对学习方式、方法经验介绍和巩固提高等方面至为重要。为此，将我学习中的几点体会分述于后，以资参考：

（一）在学习以前，首先应根据讨论提纲，有重点、有中心的做好发言提纲，再依照讨论主要内容，参考其他书报，充实实例，并注意确实和生动。

（二）在每一阶段或每一单元的结束，应做好个人学习小结，总结本阶段的收获和存在问题，有系统的做好笔记。

（三）在小组中，除小组长掌握全面外，并应有中心的发言人。但中心发言人的产生，最好临时由小组长以点将式产生之，才能达到人人准备和人人轮到的目的。

（四）希望办公室在可能范围内，多多派员深入小组协助掌握讨论，籍以能解决某些问题，在小组中一时比较不容易得出结论问题。

三、是否有当，报请鉴核。右[1]报告。

上海市协商委员会学习委员会第四总分会　沈信甫

※　　1.旧文由右及左书写，故此提及"右"面为报告之意。

| 弄堂口 |

弄堂口是石库门居民回家经过的第一个"家门"，起到了玄关的作用。

从北京西路318弄走进道达里，如今弄堂口门房间的位置，是旧时的公共电话间。在没有手机，家庭座机也没有普及的年代，这是人们相互联系的重要方式。电话间里放着一排三、四只橘色塑料壳电话机。当电话"叮铃铃"响起，接电话的阿姨仔细盘问对方"你找谁""你是谁"，然后一句"等一歇哦"，就蹭蹭蹭跑到弄堂里喊道"某某某，电话——"。这时，房子里的每个人，不管在做什么，都会瞬间停下手里的事情，竖起耳朵仔细听，是不是喊自己的名字。特别像《恐龙特急克塞号》里面的"时间停止"。那个某某某要是在家，应一句"来啦"，就急匆匆趿着拖鞋，跑去弄堂口的电话间接电话。

公用电话最妙的地方在于，尽管电话永远有人接，但想找的人却未必在；在，似乎是意外之喜；如果不在，便有些许少了一点缘分的失落。电话间正对面的墙上，"文革"时刷着鲜红的毛主席语录，后来颜色逐年消退，直到一点都见不到了，直到拆迁队刷上艳红的"拆"字。

从新闸路进去的后弄堂，门口常年有人"把守"，一边是修自行车的"佳明"，另一边是皮鞋匠"老爷叔"，他们自己也记不清到底搭档了多少年。佳明也住在道达里，没有结过婚，长得像缩小版的"卡西莫多",小孩子都有点害怕他的长相。大人们为了照顾他的生意,不时给他修修自行车,但其实不怎么修得好。

相反,皮鞋匠的技术却出奇得好,虽然收极其低廉,但修出来的鞋子却比新买的还要好,异常牢固,还完全看不出修的痕迹。征迁组进驻后,老爷叔回松江老家去了,算是正式退休了,走的时候留下了修鞋摊,并没有带走,也许是因为再也用不上了。修鞋摊陪伴道达里走过了最后一段日子。

电话间阿姨、佳明、皮鞋匠爷叔,共同维护了中国传统文化中半私密空间的真实存在;有你们的弄堂口,才有了到家的安全感。再也见不到了,祝你们安好!

道达里入口。摄影:乐建成,摄于 2015 年 2 月

弄堂口的皮鞋匠。摄影：寿幼森，拍摄时间不详

皮鞋匠离开后，铁皮工具车就留在了弄堂口。摄影：沈璐，摄于 2020 年 8 月

正在搬迁的弄堂。被封住的窗和新新旧旧的家具。摄影：许一帆，摄于 2022 年 8 月

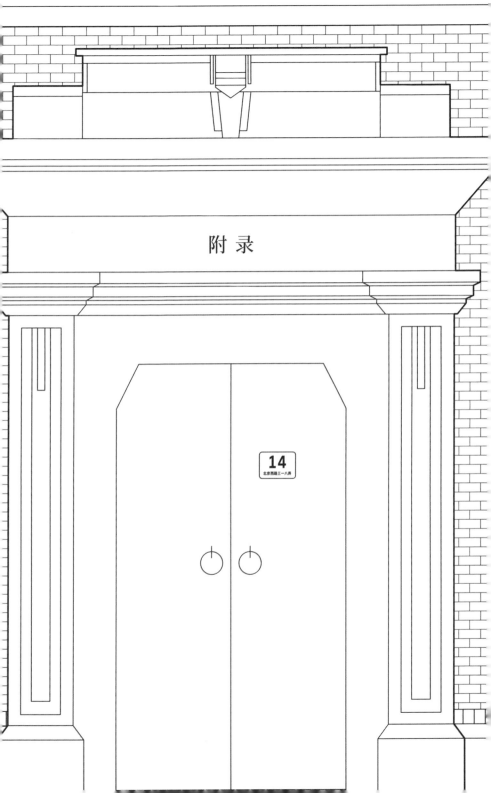

附　录

| 上海话与普通话对照表 |

上海言话	上海话拼音	普通话
石库门	shakkumen	石库门
听伐懂	tin vag ton	听不懂
言话	hhe hho	方言 / 语言
勿见得	vekjidek	不见得
笃悠悠	dokyouyou	不紧不慢地
辰光	shen guang	时间 / 时长
伊	yhi	他 / 她
伊拉	yhila	他们 / 她们
勿要	fhekyao	不要，别
侬	nong	你
虾虾侬	xhia xhia nong	谢谢你
阿大	akdha	排行老大
阿姆	akm	妈妈
拿	na	你们
伲房东	ni fhang dong	二房东
白相宁	bhexiannin	玩家，游手好闲的人
侬似	nong shy	你是
铜吊	dhong diao	水壶
切	qik	吃
街面房	gamifhang	底商
辣里厢	lak lixian	在里面
辣外头	lak ngadhou	在外面
辣高头	lak gaodhou	在上面
再会	zewhe	再见

| 今旧路名对照表 |

旧 名	今 名
静安寺路 Buddling Veu Road	南京西路 neu ciu sij lu
爱文义路 Avenue Road	北京西路 pog ciu sij lu
派克路 Park Road	黄河路 waon wu lu
赫德路 Hart Road	常德路 zan teg lu
梅白格路 Myburgh Road	新昌路 sin tsaon lu
长浜路·福照路·洛阳路·中正路 Avenue Foch	延安中路 yi en tzon lu
霞飞路、林森中路 Joffre Road	淮海中路 wa he tzon lu
卡德路 Carter Road	石门二路 zag meng lian lu
天后宫桥 Tianhougong Bridge	河南路桥 wu nue lu djio
泥城桥 Nicheng Bridge	西藏路桥 sij dzaou lu djio

| 参考文献 |

徐国桢 . 上海生活 [M]. 上海：上海世界书局，1930.

上海市行号路图录 [M]. 上海：福利营业股份有限公司，1947.

上海市公共交通公司 . 上海市街道和公路营业客运史料汇集：第 5 辑 [M]. 上海：上海档案馆 AOL-15-15.

上海市黄浦区志编纂委员会 . 黄浦区志 [M]. 上海：上海社会科学院出版社，1996.

朱大可 . 石库门 vs 工人新村 [J]. 南风窗，2003（12）.

卢汉超 . 霓虹灯外——20 世纪初日常生活中的上海 [M]. 段炼，译 . 上海：世纪出版集团上海古籍出版社，2004.

于海（主编）. Urban Theory[M]. 后记 . 复旦大学出版社，2005.

陆元敏 . 纸上记录片——上海人 [M]. 上海：上海锦绣文章出版社，2007.

REN Xuefei. Forward to the Past. Historical Preservation in Globalizing Shanghai, City & Community [J]. 7:1 March, 2008.

冯绍霆 . 石库门：上海特色居民与弄堂风情 [M]. 上海：上海人民出版社，2009.

于海 . 城市更新的空间生产与空间叙事：以上海为例 [J]. 上海城市管理，2011（2）.

HOBSBAWM Eric. 帝 国 时 代 1875——1914[M]. 贾仕蘅，译 . 北京：中信出版社 .2014.

徐大伟 . 上海绞圈房子和中国古民居探秘 [M]. 上海：上海交通大学出版社，2016.

沈嘉禄 . 石库门·夜来香 [M]. 上海：上海书店出版社，2016.

陆健，赵亦农 . 虹口石库门生活口述 [M]. 上海：同济大学出版社，2015.

孙逊，钟翀（主编）. 上海城市地图集成 [M]. 海：上海书画出版社，2017.

马学强 . 上海石库门珍贵文献选辑 [M]. 北京：商务印书馆，2018.

田汉雄，宋赤民，余松杰 . 上海石库门里弄房子简史 [M]. 上海：学林出版社，2018.

于 海 . 上海纪事：社会空间的视角 [M]. 上海：同济大学出版社，2019.

黄浦区规划和自然资源局 . 上海市城市规划设计研究院 . 黄浦区里弄梳理及更新研究 .

钱乃荣 . 上海话大辞典 [M]（第 2 版）. 上海：上海辞书出版社，2022.

道达里周边区域鸟瞰，北侧蜿蜒着苏州河。摄影：许一帆，摄于 2022 年 8 月

| 再见了，道达里 |

"四围马路各争开，英法花旗杂处来。怅触当年丛冢地，一时都变作楼台"。百余年前的一段竹枝词形象表现了上海近代城市的发展。

石库门以及由此派生的各种里弄，是上海特有的、地域性极强的民居形式，由于历史悠久，在城市里分布面广，是普遍性的大众居住建筑。上海开埠后，几代上海人都在里面出生、成长、终老。无数的上海人都和石库门、和里弄发生了紧密的人生关联，容纳、承载了上海无数家庭的悲喜苦乐。

在石库门的建成初期，多数情况下是一幢房子住着一个大家庭。但随着社会经济的发展，大家庭越来越细地拆为小家庭，而更本质的原因是全国人口向上海大量流入，石库门为了接纳更多的人，开始对原有建筑进行加建和改建，催化了上海住房的紧张状态。

但生活总要展开，石库门的生活充满了酸甜苦辣，但它实际并非绝对的艰难困苦。一方面，狭窄拥挤的空间缩短了同一屋檐下人与人、家庭与家庭的距离，特别是传统文化熏陶下的"远亲不如近邻"；另一方面，空间逼仄一旦达到百般无奈的窘迫境地，邻里之间的摩擦和矛盾便会随时发生，尤其是"文革"及之后的岁月里，人与人的关系被扭曲，言语之间的龃龉层出不穷。

上海的石库门迄今已经走过一个多世纪的历程，随着上海"旧改"工作进入尾声，早期老式石库门"旧里"所存无几。位于北京西路上的"道达里"尽管最后被界定为"新里",也依然成为被征迁的一部分。

本书将这条里弄、这幢老房子、曾经的邻里、旧日的生活原原本本地记录下来,从城市和建筑两个层面,将道达里作为上海弄堂的典型标本进行高精度解剖,对这一类石库门进行深度解构;同时,从时间和空间两个维度,真实记录生活经历和历史资料,尽可能客观地刻画四代人近百年的生活群像。

本书初稿落笔于 2020 年 10 月,当时暑气尚未完全消退,道达里的征迁工作却已提前结束了。这一轮旧改的力度之大,对道达里这片"拖延"了 20 年的改造地区,实施了"摧枯拉朽"般的"壮举",功过有待历史去做定论。

搬走后,我通过母亲的联系,络绎找到旧时的邻居们,听他们讲述过去的故事。在那个秋天,陆续整理、整编了 26 篇小文,总标题为《再见了,道达里》,在微信朋友圈周更连载,获得了很多好友的关注和互动。

以此为缘起,我与来自规划、社会经济、建筑、景观、园林、市政、艺术等行业的师长、同事与好友,对道达里、石库门以及弄堂生活开展了广泛的讨论,得到了很大的启发和触动,在本书的篇章结尾处仍保留了当时的心境记述。

囿于朋友圈发文的篇幅限制,无法涵盖所有故事,因而在此后的三年中,我不断对图文进行补充、打磨和修改,最终呈现了现在的样貌——这也算是第一次"互联网"著书人尝试。

在此,尤其要感谢我的家人黄慧珠、黄国伟等和邻居赵世英、赵叶、俞兵等不厌其烦地接受我"口述史"般的采访,并提供了宝贵的老图片、老照片；感谢责任编辑江岱与我一路同行，不断精进本书的文字和视觉；感谢书籍设计师仇月，创造了优雅的海派装帧风格；感谢摄影师许明、许一帆、席子和乐建成，在独具慧眼的镜头中，道达里的记忆变得丰满、立体、全面，感谢严涵耐心的文字校对；感谢所有本书从无到有过程中给与帮助的人们，感恩每一条留言。感谢规资局和城建档案馆在历史地图和历史信息方面的审查，让本书在表达方面更加严谨。

在成书的过程中，尽管遇到疫情特殊时期，但笔者依然时常走访道达里。2021年夏天开始，与道达里位于同一街坊的，沿成都北路一侧的"义成坊"已经开始整体拆除。2022年的夏天，除了建筑框架，房子内里已经空空如也了。每一条通往弄堂的铁门都已紧锁，门窗已经完全被三夹板钉住。被草草刷上红漆的三夹板透出无尽的感伤。每一片木板后，许是充满怨艾的大家庭，许是充满矛盾的老邻居，但无论哪种情形，都在这一刻戛然而止。宇宙悠悠、岁月飘忽、往事历历、悲欢无据。2022年12月初，道达里所在的街坊，拆得只剩下沿着北京西路的第一排房子了。道达里14号仅留了前门中的一幅"石箍"，成为再也无法到达的道达里。

此时正逢张园修葺成高奢商业区重新开张，正当众人为"遗物复兴"弹冠相庆之时，倒掉的道达里作为石库门里的时空标本，是否还会被想见。

再见了，道达里。

这一刻恍恍惚惚——

> 掩卷平生有百端，
>
> 饱更忧患转冥顽。
>
> 偶听啼鴂怨春残。
>
> 坐觉无何消白日，
>
> 更缘随例弄丹铅。
>
> 闲愁无分况清欢。

沈璐

成稿于 2022 年冬至

修改于 2023 年 9 月

道达里 14 号前门。摄影：许一帆，摄于 2022 年 8 月

图书在版编目（CIP）数据

道达里：上海石库门时空百年 / 沈璐著 . -- 上海：
上海文化出版社，2023.8（2024.1 重印）

ISBN 978-7-5535-2808-3

Ⅰ. ①道… Ⅱ. ①沈… Ⅲ. ①民居 – 建筑艺术 – 上海
Ⅳ. ① TU241.5

中国国家版本馆 CIP 数据核字 (2023) 第 162151 号

出 版 人	姜逸青	
责任编辑	江 岱	
装帧设计	仇 月 张 芸	

书　　名	道达里：上海石库门时空百年
作　　者	沈　璐
出　　版	上海世纪出版集团 上海文化出版社
地　　址	上海市闵行区号景路 159 弄 A 座 3 楼 201101
发　　行	上海文艺出版社发行中心
地　　址	上海市闵行区号景路 159 弄 2 楼 201101
印　　刷	苏州市越洋印刷有限公司
开　　本	890 × 1240 1/32
印　　张	5.5
版　　次	2023 年 8 月第 1 版 2024 年 1 月第 2 次印刷
书　　号	ISBN 978-7-5535-2808-3/TU.020
定　　价	78.00 元
告 读 者	如发现本书有质量问题请与印刷厂质量科联系。联系电话：0512-68180628